生猛鲜香里的舌尖探险　　　美食传奇中的人文景观

寻味广东丛书

靠 山 吃 山

大 山 窖 藏 的 客 家 味 道

饶原生／著　扬眉／绘

广东省出版集团
广东科技出版社
广州

图书在版编目（CIP）数据

　　靠山吃山：大山窖藏的客家味道 / 饶原生著；扬眉绘 . —广州：
广东科技出版社，2014.7
　　（寻味广东丛书）
　　ISBN 978-7-5359-6369-7

　　Ⅰ．①靠…　Ⅱ．①饶…②扬…　Ⅲ．①客家人—饮食—文化—
通俗读物　Ⅳ．① TS971-49

　　中国版本图书馆 CIP 数据核字（2014）第 004031 号

靠山吃山：大山窖藏的客家味道
Kaoshan Chishan: Dashan Jiaocang de Kejiaweidao

顾　　　问：庄臣
图文统筹：钟洁玲
责任编辑：钟洁玲　李莎
封面设计：视觉共振设计工作室
版式设计：黄海波
责任校对：罗美玲
责任印制：罗华之

出版发行：广东科技出版社
　　　　　（广州市环市东路水荫路 11 号　邮政编码：510075）
http://www.gdstp.com.cn
E-mail:gdkjyxb@gdstp.com.cn（营销中心）
E-mail:gdkjzbb@gdstp.com.cn（总编办）
经　　销：广东新华发行集团股份有限公司
印　　刷：广州市岭美彩印有限公司
　　　　　（广州市荔湾区芳村花地大道南，海南工商贸易区 A 幢）
规　　格：787mm×1092mm　1/16　印张 12.5　字数 200 千
版　　次：2014 年 7 月第 1 版
　　　　　2014 年 7 月第 1 次印刷
定　　价：58.00 元

寻味广东丛书编委会

总　序

吃是广东人的宏大叙事。为了一张嘴，广东人创造了多少人间奇迹！80 年前，有位京城美食家在尝过广东人开创的谭家菜后惊呼："人类饮食文明，到此为一顶峰！"

正是一个个奇迹，构成了粤菜体系，并让粤菜独树一帜，成为南中国文明的重要组成部分。

追求美食是天赋人权。正如孙中山所说：既然悦目的东西是艺术品，悦耳的东西是艺术品，那么悦嘴的东西也应该是艺术品。

美食不但悦嘴，同时还悦目、悦心。

林语堂说过："一个美好的清晨，躺在床上，屈指算算生活中真正令人快乐的事情时，一个聪明人会发现：食是第一样。"广东人早就发现了这一点，到处都是热爱生活的聪明人。

一般而言，土生土长的广东人，事业未成的不愿北漂，事业有成的不愿移民。问其究竟，回答惊人地相似，皆因害怕吃不上新鲜美味的粤菜。无论是一百年前还是现在，他们都自认为是天赋味蕾的一个族群。散文家秦牧在《了解一点饮食文化》一文里提及："广东人很早就漂洋过海，足迹遍及世界各地，开办餐馆又是大量华侨、华人的拿手好戏，看家本领。"也许最根本的还不是把开办餐馆当作"看家本领"和谋生手段，而是舌头最不能割舍乡愁，唯有开餐馆能聊以解馋并借以解忧。

但另一方面，粤菜却长期遭受误解，不少外地人把粤菜归结为两点：一是贵，二是蛮。一提粤菜就以为只有海鲜和鲍参燕翅，要不就是"蛇虫鼠蚁什么都吃"。其实粤菜的最大特点是精致化，是粗料细做。美食体现了广东文化最有生命力的部分。广东民性里面的"敢为天下先""开放""包容""务实"等优秀特质，都体现在饮食文化里。但我们却没有与之匹配的理论，给予总结概括。我们日进三餐，却长期忽视其中隐含的文化精髓！从前出版的广东美食，大多是菜谱，没有挖掘美食里面的人文内涵，精神层面的内容几乎是一个空缺。

为此，我们推出"寻味广东"丛书。这是一套全面展示广东美食文化的全彩图书，由广东省委宣传部顾作义副部长牵头策划，广东科技出版社组稿运作的岭南文化出版物。

这套丛书侧重展示粤菜里的人文景观，突显了广东人与生俱来、终生不减、执着于美食的精神以及源远流长的美食传统，挖掘了粤菜背后的文化精髓，讲述了粤菜的成因及特殊风俗形成的民性，重现了对粤菜有过卓越贡献的美食家及美食世家的百年沧桑，汇聚了食坛趣闻、粤菜典故、百年老店、美食地图等。

为了让丛书更感性、丰富和生动，我们采用了图文并茂、分栏排版的方式：每种书都配有"食物高度写实、人物充分夸张"的主题漫画，还有油画、钢笔画、清代外销画、旧报新闻画及大量食材、菜式图片，以图文互说的方式重现与美食相关的历史场景，展开种种美食细节，大大增加了版面的信息量、趣味性和感染力。这是探索图书呈现方式多样化的一种举措。

我们希望这是一套让广东人看了倍感自豪的丛书。广式美食生活是全民性的，是和谐社会的一种象征。对外地读者来说，打开它就像打开广东民俗的一扇窗。从吃入手了解粤人粤地的精神特质，这是最快乐的学习方式。我们更希望丛书走向世界，就像当初广东人开创海上通商之路、最早飘洋过海闯荡天涯一样，但愿这套丛书也能穿越横渡生死的海峡大洋，走到地球的另一端。

美食无国界！期望捧读之人能借此开怀，觅得一日三餐的乐趣，找到价值归依。

法国一位美食评论家说："对人类幸福而言，发现一道新菜比发现一颗恒星还要伟大！"

仅以这套丛书，向为粤菜做出过贡献的历代升斗小民、大厨名厨、美食家及美食家族致敬！

寻味广东丛书编委会

2013 年 8 月 8 日

目录

壹　溯源篇 /1
探寻广东山地菜的生成密码 /2
酿豆腐，永远的客家菜头牌 /8
"让逗妇"，不容易 /9
一山还有一山高 /13
且向大山深处寻 /18

贰　肉食篇 /23
一只内外兼修的鸡 /24
盐堆里的"热修" /25
各种"修炼"，境达至臻 /28
更有"内外双修" /33

识鱼于山水怀抱中 /36
山水是"吾"家 /37
"你是哪个部分的" /40
让心境穿越 /43

诸肉还数猪肉香 /49
清香：感受客家人的"励志味道" /50
浓香：辨识客家人的"老中国"烙印 /54
咸香：储藏客家人的"思无"远见 /57

叁　粄食篇 /63
"中国第五大发明" /64
"等路"的选择 /66
辛勤的使者 /70
一个"精"字，尽显风流 /75

肆　药食篇 /81
山里面有没有住着神仙 /82
"仙人"何来 /82
谈情说"艾" /85
爱药才会"寿" /89

伍　饮酌篇 /93
开门茶事 /94
喝一碗有情有义的好茶 /95
古老的证物 /99
茶里乾坤大 /104
与山共醉 /108
闻着酒香识女人 /109
客家白酒中的时空奥秘 /117
"墙外"的酒香 /121

陆 技艺篇 /129

有酿就有客家人 /130

素食里"植出一块大肉" /131

煎酿三宝，你来自何方？ /136

爱扣才懂吃 /139

欲把婚姻比扣肉 /139

当梅菜遇上扣肉 /143

丸来圆去 /147

谁与"打乒乓"？ /147

且看"有粉控" /151

名与实之间 /153

腌得好味 /156

随时随地的腌菜心思 156

白马非马，腌面非腌 /160

柒 名流篇 /163

人杰食灵"文人菜" /164

经得起"文化"的推敲 /164

一个名字撑起一个系列品牌 /169

捌 地标篇 /173

客地样本 /174

彭寨镇："庖丁"不是一日炼成的 /17

百侯镇：孝心食品薄与甜 /178

松口镇：下南洋的"美食驱动力" /181

后记 /187

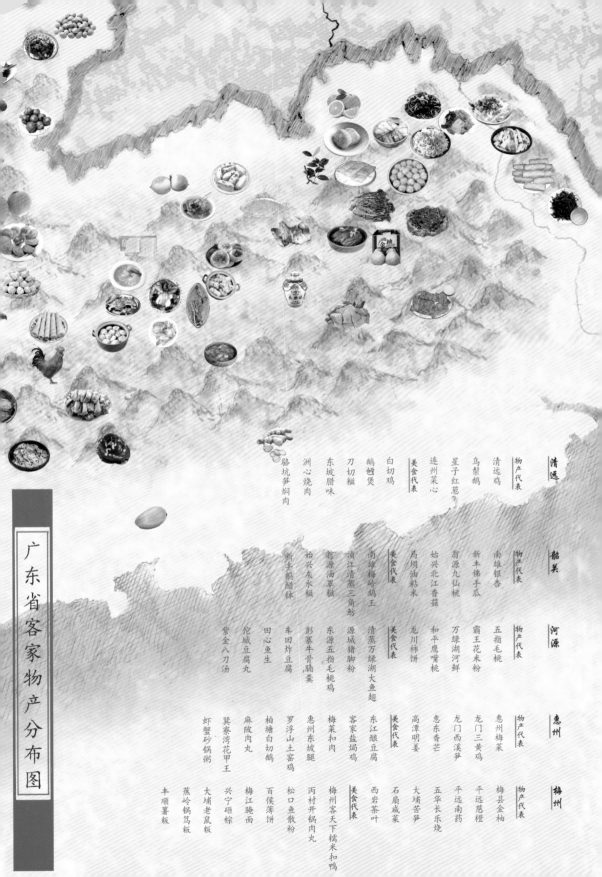

广东省客家物产分布图

清远

物产代表

清远鸡
乌鬃鹅
星子红葱？
连州菜心

美食代表

白切鸡
鹅斑煲
刀切糍
东坡腊味
洲心烧肉
骆坑笋焖肉

韶关

物产代表

南雄银杏
新丰佛手瓜
翁源九仙桃
始兴北江香菇
马坝油粘米

美食代表

南雄梅岭鹅王
滇江清蒸三角鲂
源源油罩糍
彭寨牛骨髓羹
车田炸豆腐
田心鱼生
陀城豆腐丸
紫金八刀汤
新丰鹅醋钵
始兴灰水糍
翁源五指毛桃鸡

河源

物产代表

五指毛桃
霸王花米粉
万绿湖河鲜
和平鹰嘴桃
龙川柿饼
高潭明姜
大埔苦笋
五华长乐烧

美食代表

清蒸万绿湖大鱼翅
客家盐焗鸡
梅菜扣肉
惠州东坡腿
丙村开锅肉丸
松口鱼散粉
百侯薄饼
梅江腌面
兴宁砸甲王
大埔老鼠粄
蕉岭锅笃粄
丰顺薯粄
巽寮湾花甲王
虾蟹砂锅粥
麻陂肉丸
柏塘白切鹅
罗浮山土窑鸡

惠州

物产代表

惠州梅菜
龙门三黄鸡
龙门西溪笋
惠东香芒
石扇咸菜
西岩茶叶
东江酿豆腐

美食代表

东源五指毛桃鸡

梅州

物产代表

梅县金柚
平远脐橙
平远南药

美食代表

梅州客天下糯米扣鸭

爱扣才懂吃

柚子皮扣肉

梅菜干扣肉

粉葛扣肉

豆角干扣肉

芋头扣肉

壹

溯源篇

探寻广东山地菜的生成密码

广东这个地方，有人习惯称之为"岭南"。其实，广东并不能代表全部的岭南地区，但却是孕育岭南文化的母体。它北枕五岭，南濒大海，这种相对独立的地理单元，造成了其对外开放的地理区位，方便于在传统文化和海洋文化的交融中找到一个共生点。

秦朝以前，这个地方只是百越土著的聚居地。秦朝以后的一次又一次的大动荡也一次次影响着这块南方的土地，人群从北向南流动，文化也就随此进程而不断重组。一次次移民潮最终促使这个地方逐渐生成既关联又有差异的三大民系：广府民系、客家民系和潮汕民系（又称福佬民系）。三大民系呈三足鼎立，有着各具特色的乡土文化、家居形态、生活方式、民俗习惯和经济活动，加上瑶、壮、畲、满、回等在粤少数民族的民族文化，共同构成多元的岭南文化。会说粤语、客家话和潮州话，被认为是三大民系各自之间相互认同的最重要文化标志。

一部汉民族的南迁历史，大概就是一部客家民系的形成史。西晋永嘉之乱，令中原居民大举南迁至粤、闽、赣交界区域，之后又有四次大迁徙，新移民定居下来后与当地居民互有通婚，繁衍后代，形成如今这样一个以客家话为方言的、极为庞大的群体，现分布于粤、闽、赣、桂、川、黔、台等以及海外数十个国家和地区。无论走到哪里，他们都携带着古老的族谱，恪守着

大埔围屋（茉莉摄）

客家是中原南迁而来（旧报新闻）

传统的习俗，固执地维护着客家方言的纯正性。晚清梅州籍学者黄遵宪有诗为证："筚路挑孤辗转迁，南来远过一千年。方言足证中原韵，礼俗犹留三代前。"

广东客家人的聚居区，在全国地图上看，可划入"沿海地区"。若回到广东地图上去看，则基本属于南岭山脉的要冲地带，客家人的居住地多是荒僻山区，主要集中于粤东北。"逢山必有客，无客不住山"，择山而居、靠山而食，大概就是客家人的宿命了。如果说，生活环境已表明客家人是"山人"或者"山民"，那么，客家话又被称为"山话"就不奇怪了。一首客家山歌这样唱道：

追溯客家民系的成因，可发现其主体是辗转南迁的中原汉人。中原移民在与赣、粤、闽三地原住民的融合中，演化成客家人。

客家饮食文化从饮食理念、饮食内容到饮食方法都与汉唐中原饮食文化一脉相承。

有护村河的客家民居（冼励强摄）

客家人天性豁达，在穷山瘦水中仍营造美丽家园。

客家菜注重食物的本味，传统厨师一般不使用味精、白酒等调味品，这显然与江浙一带的传统烹饪特色相一致。

围屋内的庆丰年（何方摄）

庆丰年的盛大场面（何方摄）

"山中山谷起山坡，山前山后树山多，山间山田荫山水，山人山上唱山歌。"

民以食为天。广东三个民系的生成中，形成了独具特色的饮食习惯，这里面有源远流长的生存密码。人类进化的历史，就是一部绘声绘色的饮食史，生存环境及自然资源决定着生存方式。距今一万年的前后，人类社会进入考古学家所说的"新石器时代"，住在华北黄土带的祖先开始种粟，而南方祖先则靠种水稻尝试农耕，主食的不同在史前已呈现南北差异。而在广东人形成的两千多年历史中，广府人由于集中居住于出产粮食和多种经济作物的珠江三角洲，这片富饶的"鱼米之乡"自是哺育其成长；潮汕人逐浪而居，于是就"靠海吃海"；对于身为"山民"的客家人来说，"靠山吃山"是其生活方式的典型表现。

岭南、岭南，缘因有"岭"。北边这"岭"，是大庾岭、骑田岭、都庞岭、萌渚岭、越城岭等五岭，为南岭山脉的最高峰。由五岭延伸的粤东北部山地，为广东客家人的主要聚居地，海拔不算太高，山岭间绝对高度一般在一两千米之间，群山重叠且连绵不断，生长着虽简单却丰富的各类"山野"食材。野生、家养与粗种，构成了客家人饮食结构中的全部。客家人膳食中用以入馔的副食品，都是家养禽畜和山间野味，海产品比较少。长年不便的交通使他们较少受到外界的影响，这使得客家菜在较长时间里得以自我保护、自我演变、自我成型

客家人做喜事办酒席，讲究"十二碗"或"十四碗"，分别盛满粗大惊人的鸡、鸭、鱼、肉、米粉、蔬菜等等，非得让客人吃饱有余而后快。

庆丰年时的祭祀（何方摄）

制作孔明灯

点孔明灯

客家人有在元宵节前后放飞"孔明灯"的习俗，祈求上天保佑落户山地后的日子幸福美满，生活蒸蒸日上。

放孔明灯（何方摄）

从而自成一家。源于青山绿水所孕育出来的原生态食材，以及在这样基础上传承下来的粄文化、茶文化、酒文化、酿菜文化、扣菜文化、肉丸文化等，如今已成为客家菜系的数朵奇葩。

早期生产条件的艰苦以及劳动时间长的客观存在，使客家人做菜有着"咸""肥""香""烧""熟""陈"等特点，成就了客家菜所具备的如下特色口味——

其一，吃在客家，咸是一绝；

其二，用油很足，以至于"半油半汤"；

其三，强调趁热吃，"烧唔烧"成了品评好不好吃的重要标准；

其四，多煎、炸、炒、焖，但求"香口"；

其五，烹调讲究熟透，忌生或半生不熟；

其六，喜吃干菜、腌菜。

追究成因，与客家人的生存环境和生活水平都有很大关系。山高水冷、地湿雾重的气候因素决定了"烧""香""熟"的特点；生活艰苦、劳动强度大，又进而形成"咸""肥"的特色；长期迁徙、经济落后，则是促成"咸""熟""陈"的主要原因。

探讨广东客家菜的演变时会发现，虽说遍布海内外的客家人都讲一口标准的客家话，但只有集中居住粤东北山地的客家人才保留了中原饮食特色并且自成一体。至于散落在其他地方的客家人的饮食习俗，除极个别的在村落范围内传承外，大多还是被当地的饮食文化所同化了，"虎落平阳"便无虎威，被同化也就无可厚非了。同理，对客家菜精髓的认识与对客家人精神的认识一样，

客家女子（梁力然摄）

四头四尾

客家妇女从小要学做"四头四尾"：

"家头教尾"——操持家务、侍奉翁姑、教育子女；

"灶头镬尾"——烧饭煮菜、割草打柴、家计营生；

"田头地尾"——播种插秧、驶牛耕田、锄草施肥；

"针头线尾"——穿针引线、刺红绣青、纺纱织布。

山是一个关键词，是其存活与传承之魂。

我读到一篇有意思的报道，说的是谷歌公司评选"年度明星员工"，年年高票当选的是一名叫艾尔斯的普通员工。这位艾尔斯既不会编程，也不懂管理，只执着于在食堂里做出花样百出的饭菜供大家品尝。谷歌曾做过一项调查，请员工们列出谷歌让人留恋的理由，排在首位的既不是高收入，亦不是职业前景，而是每天的工作餐——"艾尔斯的美食"。谷歌高薪聘请擅长烹饪的艾尔斯来当厨师，把工作餐当作"文化"来经营，美食也就成了企业的核心凝聚力。

所谓美食，实质上也是人文的食物，美食中本就承载了太多的社会情愫。用心欣赏美食，或会产生意想不到的附加值。探寻客家美食的密码，你会形象地触摸到客家民系在辗转迁徙、艰辛开拓、勇敢创业的点点滴滴。举一反三，你亦会感同身受地认识广东这个地方，以及其厚实并充满魅力的传统文化。也许，这正是你之所以要读下去的最大理由。

酿豆腐，永远的客家菜头牌

——你最熟悉的客家菜是什么？

——你记忆中最好吃的客家菜是什么？

——你认为最能代表客家菜的菜式是什么？

为写本书，我在新浪微博上连抛三个问题。网友给出的答案竟出奇地统一：客家酿豆腐。

客家人为什么爱吃酿豆腐？

有一种说法，是缘于招待客人。传说有一天，客家人家里来了两拨客人，一拨最爱吃豆腐，而另一拨无肉不欢。好客的主人谁都想讨好，聪明的主妇说这不难，把肉酿进豆腐里岂不就皆大欢喜？

再一种说法，是缘于吃饺子。客家人的祖先来自中原，骨子里有爱吃饺子的基因，但迁移到了山区却找不到面粉了，怎么办？酿豆腐，包饺子的"山寨版"于是隆重登了场。

还有一种说法，则与乾隆皇帝有关。那一年，乾隆帝南巡至此，偶遇一个客家妹子，吃了她巧手烹制的酿豆腐之后，那嫩滑混杂着甘香的口感有如客家妹子的娉婷倩影，从此挥之不去。之后，皇上金口一开，酿豆腐便御封为"客家第一菜"了。

没凭没据的，乾隆皇帝关于酿豆腐的御批，谁也不会说自己曾经见过。但是，好吃就是硬道理，客家酿豆腐位居客家菜榜首的江湖地

酿豆腐是客家第一大菜。它荤素搭配，营养丰富，适合男女老少食用。该菜历史悠远，内涵丰富，是客家文化的一个缩影。

砂锅酿豆腐（御信客家王提供）

古代刘安发明八公山豆腐（潘庆强绘）

位，多少年来却是谁也撼动不了。不爱吃客家酿豆腐的，绝对不是客家人。

"让逗妇"，不容易

豆腐，在民间还有一个别名叫"逗夫"。我听说，会做豆腐是旧时妇人恪守妇道的必备手段，其功能只为拴住夫君的心和胃。不过，用客家话道来，"逗夫"又成了"逗妇"，而酿豆腐则成了"让逗妇"。想来这属于作用力与反作用力的关系，客家主妇一招酿豆腐的过程中，先让自己把自己给逗开心了！

要吃一方好的酿豆腐，要先寻找山水好豆腐，为此我来到河源山区。河源人只一句话，就让我深感震慑："客

中原制作豆腐的历史悠久、技术成熟。相传，制作豆腐是西汉淮南王刘安所创。那时，刘安率一批方士，在安徽寿县的八公山上炼丹，炼来炼去，丹未炼出，却意外地制作出了豆腐，并发现其口感好且营养丰富，值得大力推广。

饺子

客家先民来到赣、闽、粤交界地域，这里不宜种植小麦，面粉少见，却盛产大米和大豆，而以大豆为原料制作豆腐早已是客家先民的拿手好戏。客家先民原有的烹饪技术与赣、闽、粤交界地域丰富的黄豆资源相结合，将肉馅填入豆腐里，制作成形似饺子的酿豆腐。酿豆腐寄托了客家人的思祖情怀，蕴涵着客家先民背井离乡、辛苦创业的艰难历史。

家人做出的豆腐都是芳龄十八！"为表明豆腐还是自家的好，对方又补充了一句："河源山区的豆腐才十六岁，白得很、嫩得很！"又白又嫩，口感能不好吗？客家主妇能做成最好的豆腐，与中原传统饮食一脉的传承，不会没有关系。

那么，客家人是什么时候开始"让逗妇"的？查南宋成书的《全芳备祖》，收入了写豆腐的一首诗："种豆豆苗稀，力竭心已腐。早知淮南术，安坐获泉布。"诗作者是同时代的理学家朱熹，他感叹，早知有淮南王做豆腐的方法，干脆把豆种都制成豆腐，就可以安稳赚大钱了。民间一般认为，西汉淮南王刘安，是发明豆腐的始祖。豆腐中的极品，又首推安徽的"八公山豆腐"，只因八公山上有一股甘冽的泉水，若不是取那水源，根本就做不出真正的"八公山豆腐"。

山水有相逢，相逢的结果便是有了好泉水，于是就能做出好豆腐。换言之，靠山吃山，豆腐的最早制作出自山中，是汩汩流淌的清澈山泉水所孕育。山民种植了黄豆，用石磨磨成豆浆来喝，无意中放入某种凝结剂，结果发现这凝结了的豆浆还很好吃！一传十、十传百，大家就都做豆腐了。古时做豆腐的凝结剂有很多，明朝《本草纲目》上，便记载了盐卤汁、石膏末、山矾汁、酸浆等多种点豆腐之物。

广东客家人的祖先在南迁过程中，应该也带来了源自中原的做豆腐技术，可谓"一技可傍身"。现时人们做豆腐，主要还是用盐卤和石膏这两种一直传承下来的凝结方法。由于客家人的居住地大都在偏僻而交通不便的山区，在

釀豆腐

黄豆

酿豆腐也有写作"漾豆腐"的。从前客家山村有两个同龄人久别重逢，到饭店吃饭，讲好只点一种菜，但一个要吃豆腐，一个要吃猪肉，两人相持不下。店老板说："你们不要争，我会想个两全其美的办法，包你们满意。"说完，店老板一边把豆腐切成一寸左右的方块，投入油锅去炸；一边把猪肉切碎，配上薯粉、香菇、冬笋等佐料。然后，捞起炸好的豆腐，在一侧挖孔，把猪肉碎塞进豆腐里封好，置蒸笼中去蒸，蒸熟后又倒入锅中，配上调料煮，味道又鲜又香。菜还是一种，却是有豆腐也有猪肉，一下子惊动了好多人。

过去，吃一次豆腐绝非易事，非年节时分，豆腐都很难吃得上，又因为没处可买，只能靠自己动手。而可能也就是因为地处偏僻，山好水甜，客家人做的豆腐才格外香。

客家人平时农活多，哪有闲时间去做豆腐？过节就不同了，家里的大人会放下手上所有的活计，忙上一整天，其中的大部分时间就是待在家里做酿豆腐。过节时饭桌上若没有豆腐，一家人的嘴巴都会觉得没滋没味，气氛也没那么和谐。

客家地区是怎么做豆腐的？我走了河源走梅州，山路弯弯走了几回，收集了如下要领：

首先，要备好做豆腐的家什，有石磨、豆腐架、豆腐格、浆房（桶）、漏浆布、豆腐帕等物。石磨是最重要的器物，过去是每个客家家庭必备的一样生活用具，如果谁家连个石磨都没有，那简直不成其为家，就好像灶间里没有锅一样。

其次，黄豆磨成浆后，要先经过"烧浆"环节，烧浆的火候要拿捏得好，豆浆温度刚好时就要赶紧撤火。然后便是"榨浆"，浆桶上架着塞好漏浆布的豆腐架，豆浆经过漏浆布的过滤，才细腻、嫩滑。

第三步，也是做豆腐最关键的一步，叫"耙膏"，此乃加入盐卤或石膏使之凝结的过程。豆腐耙好后，还要在浆桶里待一会儿，谓之"坐房"。大约半个小时后，已经成块的豆腐就可舀到铺好了豆腐帕的豆腐格里，豆腐就在这里最后成形了。

程序好复杂，豆腐终于做成了。但河源人对我说，若没见过车田豆腐是怎么做的，那你还不算知道什么是做豆腐。车田豆腐是龙川县的品牌，若不去龙川你根本就吃不到，因为要用那里流淌的车田水来做。做车田豆腐的程序更复杂，磨浆、过滤、煮浆、烘坑……传统做法有七道工序，按当地的老说法是要"做足三十六下"。至于哪"三十六下"，我问身边的河源人，却答不出来，除非你亲自到现场去数数看。

要看车田豆腐怎么做，就要做好不睡觉的准备，因为这做豆腐的人从凌晨三点就开始忙碌的了。这里还是先留个悬念，期待"十六妙龄"的精彩。

欲"逗夫"，不容易，做出嫩豆腐已经是够麻烦的了。偏偏，客家人爱麻烦更胜一筹，在做好的一方豆腐基础上还致力于"让逗妇"——非酿入馅料才算完事。

客家人的第四次大迁徙发生在明末清初，大批客家人从客家大本营向外迁徙，最远迁至桂、川等地。酿豆腐之术随之亦撒向更多山地。

一山还有一山高

多少年来，客家人在山居生活中有滋有味地吃客家菜，身处"省城"的广州人，却是在20世纪40年代开始，才从"宁昌"老店等客家人开设的餐馆里，领略到了客家酿豆腐等菜式所带来的美食"客家风"。

坐房——做豆腐的关键环节（何方摄）

旧广州的客家饭店（潘应强绘）

到了民国，广州大规模兴建宜商宜居的骑楼街。其中在中山四路的一座骑楼成了客家人开饭店做酿豆腐的场所。

今天还知道"宁昌饭店"的广州人，可能没几个了。原址在广州忠佑大街都城隍庙前的这家客家老店，是梅州兴宁人于1946年所开，后改名为东江饭店。时间进入20世纪40年代中期，客家菜齐齐看上了省城地头，差不多同时间开张的，有地处今中山五路的新陶芳酒楼，还有先在小北路、后迁址十三行路的刘富兴饭店。有意思的是，这些推广客家菜敢为省城先的老板，一个个都是兴宁人。

客家酿豆腐名声大振，大概就缘于宁昌等店在省城立足的招牌菜，家家大厨主打的都是客家酿豆腐。民国时期，老广州的那些日子里，你要宴请客户或是请女朋友吃饭，若不懂得点个客家酿豆腐，那肯定属于思想跟不上潮流的那一类。宁昌饭店的出品，自然叫作"宁昌酿豆腐"，更名东江饭店后，其招牌菜也就改叫"东江酿豆腐"了。为求探得酿豆腐的个中秘诀，笔者寻到一位当年掌勺于东江饭店的客家大厨。大厨名叫陈炳，至今聊起东江饭店那些事儿，陈师傅兴致高昂，一如回到了当年做东江菜那激情燃烧的岁月。据他表示，在20世纪五六十年代的广州，东江饭店还承担着一定的接待任务，加上有了一个叫得很响的店名，有"东江"标记的菜肴几乎就成了最好客家菜的代名词。"东江酿豆腐"与"东江盐焗鸡"（后有专文详述）一样，成了镇店双宝，俨然客家菜的形象大使，以至于店已不存，其名仍常挂食客嘴上。

　　这里有必要做个说明，东江饭店的出品叫作东江菜，但东江菜的得名与扬名与东江饭店并无关系。由于珠江水系的东江一脉贯穿着客家人聚居的河源与惠州，不少人也把东江菜叫作客家菜。在客家人还不曾到广州开店时，东江菜名头已经很响了。而东江水却并不滋润梅州山区，所以梅州的客家菜并不叫东江菜。东江饭店的前身宁昌饭店，也是不接触东江水的梅州兴宁人所创，东江

东江酿豆腐（御信客家王提供）

五花肉

鱿鱼干

砂煲

之名是后期才改的。

说回东江酿豆腐吧，陈炳介绍，其菜全名应叫"东江八宝酿豆腐"，哪"八宝"？就是八样馅料：五花肉、梅香咸鱼、干鱿鱼、虾米、鲮鱼肉、大地鱼末、香菇、葱粒。五花肉要选七成瘦三成肥的；猪肉和鱼肉的比例是一斤猪、三两鱼；梅香咸鱼要上好的，没有它根本吊不出馅儿的鲜味、香味。陈炳比画着手势，细数馅料制作之妙，剁碎、混合后，要出力挞到起胶，再按一斤馅配一两生粉的比例，调味后拌好再挞，这样做出的馅料才有咸、香、滑的口感。

根据豆腐出品的不同，酿豆腐又分"四方形""三角形"两种，东江酿豆腐属于"四方形"流派。陈炳继续介绍道，酿豆腐时，先从豆腐中间稍挖出一小块，这样就能填进更多的馅料。待八宝馅剁好、拌好，就得逐个酿进豆腐里。一块豆腐以二钱馅料的搭配为宜，馅要酿透另一面。接下来，烧镬（锅）下油，豆腐煎至两面金黄。接下来，烧镬（锅）倒入鸡汤，加入酱油、胡椒粉，大白菜垫底，煮透后勾薄芡，就可以上煲开吃。

"酿豆腐要吃出味道来，一定要趁热吃，所以得用砂煲上。"陈炳强调。以前吃酿豆腐吃得讲究的，还会配个炭炉。现在为加热方便，好多店都不用砂煲了，只与电磁炉配着使用。今天的广州人，已经找不到东江饭店，拆迁使它彻底关了门，但这并不影响人们大吃酿豆腐。在广州，在四乡，只要你点这个菜，店家都能满足你。至于找客家人所开的店，更能吃出山水的味道是肯定的。

也不是但凡酿豆腐，就要备齐"八宝"。所谓"各处乡村各处例"，最简单的馅料是剁好的猪肉加上鱼肉，有些则连剁鱼肉也省掉，也有掺点大蒜苗的。东江酿豆腐很讲究放梅香咸鱼所吊出的特殊鱼香味，而其他地方的酿豆腐则未必有这个要求。而五华人还强调馅料里要混和些猪油渣，说是这样才有特别的口感并且能吃出特别的猪肉香。有些馅料还注重放入猪板油，原因是它的黏性重，可令剁出的馅料不会松散。

怎样做出来的酿豆腐口感才算得上尽善尽美？我在新浪微博继续征求答案，@阿狼狮兄发帖回应：按客家人的说法，酿豆腐只需符合"咸、烧、肥"的三字诀要求，就一定很好吃。他继续补充道：五个基本因素不可少，一是水源，如山泉水；二是磨豆方式，如石磨；三是凝结方式，如石膏或盐卤；四是馅料，如肉馅鱼馅韭菜馅等，各有所爱；五是烹煎过程，如柴火。

酿豆腐的馅料：鱼

酿豆腐何以那么让人期待？@闲农发帖又强调了四条：其一，氨基酸多，味鲜；其二，半流质食物，在日常劳作后容易引起食欲；其三，做法较复杂，可增加节日的仪式感，让人期盼；其四，就地取材，易美梦成真。

酿豆腐的馅料：韭菜和韭菜花

究其所以，不同的地方，做酿豆腐所选食材，差异会很大。就有些地方，不是酿入馅料再煎，而是把豆腐先切块炸了，做成油豆腐，再酿入馅料。美食专栏作者茉莉告诉我，徽菜中有一款名气很大的"凤阳酿豆腐"，其历史长达600多年，做法与广东客家人制作的酿油豆腐颇为相似。都说酿豆腐源于中原、源出内地，于此亦可找到一定关联。

客家人有一句话，叫"蒸酒做豆腐，不可以称老师傅"。

酿豆腐的馅料：大蒜苗

李威光故居里门上牌匾

李威光受封牌匾

李威光习武用的长刀和石墩
（冼励强摄）

武状元李威光的故居是典型的客家围屋，俗称"下四角楼"，坐落在今五华县华城镇。

这话的意思，应相当于"一山还有一山高"，当你以为某天已身处做酿豆腐的"高山"时，很快就会惊觉不远处还有更高的山。后面章节中还会详述的蒸酒情况同样是这样，已经是满屋醇香，猛回头更有佳酿在屋外。

且向大山深处寻

欲吃好豆腐，且往大山深处寻。置身于号称"八山一水一分田"的梅州山区，我寻寻觅觅，但求见识一方最美味的酿豆腐。

五华人说，五华酿豆腐最享盛名，这赞誉来自当年武状元李威光。清朝雍正十三年（1735），一个名叫李威光的客家小子在五华呱呱坠地，稍懂事时便爱上了练武，也爱上了家乡美食酿豆腐。乾隆三十七年（1772），他以武举身份赴京参加考试，那超人的力气和灵巧的武功令观试的乾隆帝龙颜大悦，于是钦点为武科状元。后来李状元回乡省亲，在被问到"天下第一名菜是什么"时，他不假思索地说道："我吃过御宴满汉全席，什么'龙肝凤胆'都尝过，说老实话，天下第一名菜还要数五华酿豆腐。"

或许有人会吹毛求疵：这爱吃五华酿豆腐与考得武状元，两者有必然关系吗？的确没人从科学角度仔细研究过，但这并不影响另一个爱吃酿豆腐的五华人获得"亚洲球王"的美誉。他叫李惠堂，早在1928年就被亚洲足协评为"亚洲球王"，到1976年当时的联邦德国《环球足球杂志》又举行评比活动，他与贝利、马修斯、斯蒂法诺、普斯卡士一起被评为"世界五大球王"。客家人能踢一脚好足球，你说能与爱吃酿豆腐真一点关系都没有吗？

问过五华人，五华酿豆腐怎么个好吃法？回答是，具有"豆腐鲜嫩、馅料醇香、吃法别致"三大特点。那馅儿的用料，妙在加入去骨炸酥的香口咸鱼，特别可口。吃法上则配以紫金椒酱，用生菜包着吃。哗哗……有凉有烫、有辣有肥、有爽有滑，非亲口尝过，难以领会其中妙趣。

当然了，兴宁人向你推荐的酿豆腐，肯定是自家的兴宁酿豆腐。为表明它是出过大场面的，兴宁人会举出宁昌、新陶芳、刘富兴等店的例子：可以让客家菜在省城几十年间火红火绿，那兴宁酿豆腐又岂是等闲之物？据说，兴宁酿豆腐虽没有五华酿豆腐嫩和香，但"最有豆腐味"。兴宁豆腐又以大坪、叶塘的出品为上品，以前兴宁人煎酿豆腐，厨子绝对要慢性子，慢工才能出细活。"日"字形的豆腐块，用慢火煎香四面使之起薄薄黄皮，

当官、发财、友善、健康、长寿如不能同时兼得，客家人会先选名，二是钱财，三是健康，四是长寿。对客家人而言，"贵"从哪里来？从书本中来。"书中自有黄金屋，书中自有颜如玉"，"贵"是根本，其他只是"贵"的衍生物。"贵"甚于"富"，这就是客家酒令所反映出来的客家的文化意识和价值观。

李威光故居（冼励强摄）

黄遵宪是晚清的著名诗人、政治家、外交家，被孙中山称为"做大事不是做大官的读书人"。他的书斋"人境庐"、故居"荣禄第"与客家民居"恩元第"（今为黄遵宪生平事迹展馆），均坐落于梅州市梅江区小溪唇。

然后转入煲内用慢火继续入味，最后放一把葱花，感觉又香又嫩又滑又热，绝对让人食指大动。

来到梅县，却发现当地人所赞誉的最好酿豆腐在松口。其依据是，孙中山先生对松口豆腐一见钟情。那是1918年夏的某一天，孙中山先生来到梅县松口镇约见松口籍的同盟会友人，临别前被邀到松口一家酒楼吃饭。只见八仙桌上摆满了盐焗鸡、酿豆腐、牛肉丸、咸菜焖猪肉等传统客家菜。席间，他品尝了一块酿豆腐后觉得味道不错，便问："这是什么菜？"

"叫酿豆腐，既好绑饭，又好绑酒。"有位乡绅用夹杂着浓重客家音的普通话回答。

"'羊斗虎'？还能'绑'饭'绑'酒？怎么'绑'？"孙先生听得稀里糊涂。

在座有一位松口公学校校长是客家人，连忙拿笔，写了"酿豆腐，好送饭，好送酒"几个字，用稍纯正的普通话解释道："'绑'是客家话，即'送'的意思。"

孙先生不禁哈哈大笑。自那以后，他吃饭时常会问起"羊斗虎"，至于是不是松口所酿，倒不会太讲究。说不准，五华或兴宁的"羊斗虎"会让他多"绑"几箸。名人效应，而且是国父效应，客家酿豆腐又焉能不火？

究其所以，只要你肯移步走进大山，好吃的酿豆腐自然俯拾皆是。韶关南雄所做的酿油豆腐就很有特色，其馅料是以素菜为主的。好朋友南雄人吴良生盛情邀请我去他家里吃了一回，虽是素食馅料，却令我胃口大开，细问之下，才揭开了这素馅料的真面目，原来是由芋泥、肉末、冬菇粒、笋粒等组成。客家地区大概是地理上接近湖南的缘故，所以吃酿油豆腐是要蘸辣椒酱的。但我以为不蘸任何酱汁，直接放嘴里大口吃，更能吃出其清香味道。

在韶关、在河源、在清远、在惠州……只要有山，只要有客家人居住的地方，就有酿豆腐，那是永远的客家菜头牌。酿豆腐的江湖地位历经多年，而无其他菜可以撼动，个中原因，大家不妨继续琢磨去。

主张"我手写我口"的诗人黄遵宪对客家民系形成历史有如下的深度概括："筚路挑孤辗转迁，南来远过一千年。方言足证中原韵，礼俗犹留三代前。"

黄遵宪故居（冼励强摄）

肉食篇

一只内外兼修的鸡

生为广东人，无鸡不成宴。

或问："怎样做的鸡，才是一只好吃的鸡？"

答曰："白切鸡。"这样给出答案的，基本上就属于广州人，或者说属于广府民系饮食习惯的这一脉。

白切鸡，有人又叫"白斩鸡"，意思都一样，是指将宰好的原只光鸡用上汤浸至刚熟，斩件上碟，蘸味碟的"味"吃。味碟之"味"，可以是姜、葱或沙姜蓉，可以是放入少许酱油的鲜榨花生油，也可以是一种叫作"蚬芥"的秘制酱料，诸如此类，总之都是为了吊出鸡之原味。白切鸡的吃法告诉大家：最好吃的食物就是食材的原汁原味，关键是要有一只值得去吃的走地鸡。

同样问题若问潮汕民系的广东人，其回答却会是"豆酱鸡"。像登上舞台的演员，不化妆是很难有出镜效果一样。对于上餐台的鸡来说，豆酱就是那个最合适的"化妆品"。

不过，对于客家人来说，盐焗鸡才是最好吃的鸡。客家人认为，内外兼修的鸡，才是一只好鸡。盐焗鸡连骨头都很好味道，这是经过了怎样修炼啊！

那对于外地的游客来说，到底哪种鸡才是好吃的呢？其实三个答案都很精准。查《中国烹饪

盐焗鸡（御信客家王提供）

百科全书》，所记载的广东名鸡就有三款，分别就是"澄黄油亮、皮爽、肉滑、骨软、原汁原味、鲜美甘香"的广府白切鸡，"酱香四溢"的潮州豆酱鸡和"味美咸香而有安神益肾之功"的东江盐焗鸡。

三种鸡肴，三足鼎立，树起了数之不尽的众多名鸡菜肴口味的粤菜标杆。

盐堆里的"热焗"

我在新浪微博上广泛征集客家美食，提名排在第二位的，恰恰也就是它——盐焗鸡。有人甚至明明白白写道：东江盐焗鸡。

我不知道，想吃东江盐焗鸡的爱客家菜之人，如今会在哪里吃到一只正宗的东江盐焗鸡？东江盐焗鸡的成名，源于东江饭店的原创出品，然而东江饭店今已不在，"著作权人"身份不明的情况下，这只客家菜中最好吃的鸡，又该怎么找？

应该说，东江盐焗鸡的问世，也不是始创者心血来潮。这得追溯到客家人的迁徙史，由战乱而南迁，但每搬到一个地方往往会受当地原住居民的排斥，于是又得搬到另一个地方去，这样一次又一次的搬家，他们所饲养的家禽不便携带，便将其宰杀，放入盐包中以便贮存和携带。待要食用时，直接蒸熟即可。结果发现，那鸡深藏于炒热了的盐一段时间后，可直接食用，而且味道更佳。正因如此，遂成就了客家菜中的一种独门烹饪技艺。

前面已提到，东江饭店的前身是兴宁人所开的宁昌饭店。客家人来省城开了饭店，为求立足并出人头地，自然要使出浑身解数。盐焗鸡这一祖宗所传妙法当然亦使

做盐焗鸡最好用三黄鸡

客家"请吃"有一特点，即"宁可酒多，不可肉少"，桌上的菜肴必极丰盛，邻家壁舍未能"抢"到客人，也要做几个菜、拎一壶酒送来，把桌面塞得满满的。客人吃得越多，主人就越高兴，如果客人连一口也不尝，那么主人就会从心理上失去一种平衡，以为客人不肯"赏光"。

客家人平日以稻米辅以番薯、芋头及其他瓜菜为主食，所谓"半年瓜菜半年粮""半年薯芋半年粮"。断菜帮的时候，客家人甚至只用萝卜干、酸芋荚下饭。然而一到重大节日或有客来，客家人则热衷排场，唯恐被说成小气。为显示大方好客，食物多以形粗量多见长。白斩鸡、梅菜扣肉就体现这种特点：一盘整只的白斩鸡两斤多重，只切成十余块；梅菜扣肉一块就有一二两重。酒宴菜肴数量讲究"六碗八盆十样"，盛器多用大碗、盆、钵。这些与一向节俭的客家日常生活形成极大反差。

东江饭店附近建筑（潘应强绘）

了出来，没想到，那"骨都有味"的魔力竟让非客家籍的广州食客像着了魔，都在奔走相告说是发现了一只不一样的鸡。于是乎，盐焗鸡便成了饭店的镇店之宝，这道菜最早是随店的名称，名为"宁昌盐焗鸡"。

盐焗鸡因兴宁厨师而成名，以至于后来广东各大城市中的酒楼饭店，每每推出新菜式盐焗鸡，都会同时宣传"本店专门聘用兴宁厨师"。随着宁昌饭店后来改名东江饭店，"东江盐焗鸡"的大名后来居上，成为大名鼎鼎的客家菜品牌。

据介绍，东江饭店最早做盐焗鸡所用的鸡，要选闽西的河田鸡和粤东北的三黄鸡（嘴、毛、脚均全黄而无杂色，以五华、兴宁所养为佳品），后来也选惠州所产的鸡。那鸡宰杀时，要保证每只在 1.5 斤至 2 斤之间。鸡宰杀、冲洗干净后，要先用小绳系住其颈部，吊在小钩上风干，然后用姜、葱、沙姜、白酒等佐料涂抹鸡的胸腔和外部表皮，再把一小包佐料塞进其胸腔里。最后，用一张抹了花生油的湿纱纸把光鸡包裹起来，外边再包一张干净的纱纸，这才进入盐焗程序。

盐焗程序依然复杂：先用大粒的生盐在热镬里翻炒，炒至镬里的盐热气腾腾、触及烫手了，按一只鸡 10 斤盐的比例，把一只只处理好的鸡埋入盐堆里，每只鸡都要用盐盖得密密实实，然后加盖湿布条，围住镬沿，再小火慢慢焗 20 分钟。取出鸡，再把盐炒热，将鸡反转再埋入盐堆，再焗 10 来分钟。食时用手撕开，摆回鸡形，跟沙姜、盐上碟。用这种传统方法制作的盐焗鸡，不但味美可口，而且滋阴、益力气，对人体健康很有益。

正在被风干的鸡

但没想到，只因偶然发生的一次山寨事件，后来出品的东江盐焗鸡竟抛弃了祖宗之法。那是在 1948 年，有个"大天二"（旧时粤人对地痞、恶霸一类恶势力代表者的称谓）爱到当时的宁昌饭店吃盐焗鸡，每来必点，但订菜后又经常失约不去。有一次店家等他已等到晚上 8 点，还不见人来，已经做好的盐焗鸡若放到第二天味道会差很远，于是就卖给了其他食客。没想到，姗姗来迟的"大天二"还是出现了，怎么办？

炒盐

先用好茶好烟招呼着是肯定的，老板急中生智，让厨师做一只山寨版的盐焗鸡，先对付过去再说。用上汤、

将包好的鸡放入盐中（何方摄）

巧手浸熟并"急过冷河"（烹饪方法）的山寨版"东江盐焗鸡"很快做好了，仍是用手撕跟沙姜、盐的方法上菜，店老板小心翼翼地说："这是本店用新配方做好的鸡，送给大佬试吃，多提宝贵意见，另一只随后就到。"

"大天二"一试，肉嫩皮爽汁多，"掂啊！那另外一只就不要了，"他吩咐道："以后我来，就吃这种新法做的鸡！"这个"焗鸡"方法简单多了，店家省时省料，而且更受欢迎，何乐而不为？饭店由此决定转营山寨版这一款。只不过，真正的食客，还是非常怀念那种由传统手法所焗出来的名副其实的盐焗鸡。

抛弃了祖宗之法的，又岂止在广州的这一间东江饭店？据老梅州人的回忆，以前梅州大街小巷很多商户门口都会摆一个煤炉，上面放一口堆着盐堆的大镬，就是用来焗盐焗鸡的，蔚为壮观。也不知道什么时候开始，也不知道为什么，这些为食景观现在都不存在了。说老实话，只有古法所做的盐焗鸡，骨才入味，尤其是因鸡身干爽，易携带且耐保存。客家人用这种盐焗鸡做手信馈赠亲友，一直都很受欢迎。

盐堆大镬（何方摄）

各种"修炼"，境达至臻

从盐焗鸡来历，可知客家人对鸡的制作特别认真。鸡之所以制作得好，前提是要有一只好的鸡。要进一步提升鸡味，需要各种"修炼"，盐焗只是其中一种。

无论哪一种的烹饪手段，鸡本身的肉质是最关键的。靠山吃山，鸡最好选用在山上放养，吃虫、草、谷物长大的，成长期要达到200天以上。退而求其次，也要是屋前屋后所圈养的"走地鸡"，200天以上的成长期不能少。一

适宜鸡生长的山林

红枣当归炖鸡（御信客家王提供）

只食物链优质、慢慢长大并且放养的鸡，才是肉质鲜美的有嚼头的鸡。

虽知在客家人的饮食需求中，鸡有着非同小可的地位，所谓"逢客必出鸡""无鸡不成筵"。按客家人酒席的通常习惯，头一道菜是鸡，上菜时那鸡头还要对着首席（上座）。在客家话里，鸡谐音为"吉"，取"开席大吉"之意。凡事但求吉利，那就需要"修炼"好一只鸡才是。

水的使用，是最常见的"修炼"，主要是为做好一只水蒸鸡。鸡宰好洗净后，整只放在锅里用水蒸熟，用手撕或切成六大块趁热吃，十分鲜甜滑嫩。另据资料介绍，这种用土法饲养的鸡比用精饲料养的其氨基酸含量要高出10余倍。一只鸡要内外兼修，要从食物链上游的营养基础抓起，更要从山地放养的健康基础抓起。客家人也会做白斩鸡来吃，但做水蒸鸡更能体现出对内在鸡味的要求。

客家人喜欢用食物来寓意吉祥：串亲戚送礼篮附上两封"糕子"表示步步高。年夜饭一定要有鱼，表示年年有余；过年上菜，必上芹菜、大菜（芥菜），而且一定要小孩都吃一点，喻"勤勤恳恳""大发大富"。正月元宵节吃汤圆表示团圆，端午节吃粽子是纪念屈原、涂抹雄黄酒为了避邪，清明节吃青艾表示对祖先的怀念，八月中秋节吃月饼是对团圆的渴望，重阳节以"师肉酒"祭祀表示对伟人的尊敬，冬至节吃"落水饺"是对族群来源的记忆。

油修鸡

油修鸡

诸般"修炼大法"，"油修"是少不了的，比如做一只姜油鸡。前提还是要选好鸡，还是要注重鸡在进入餐厨前的素质培养。那鸡浸至刚熟之后斩件上碟，姜去皮剁成细蓉，烧锅放油，用慢火将姜蓉炸成金黄色松酥后拌上盐，趁热淋在鸡面上。真正的食家都知道，所谓鸡味，最主要是靠鸡油的味道来呈现。当滚热的姜油淋在鸡表皮而激活出的鸡油之鲜，这已无异于让整只鸡都参与一堂全新的修炼课程。

纵观客家菜的产生，常与女人的坐月子有着千丝万缕的关系，这体现了客家民系对女性由来已久的尊重。这里就得说到"修炼之法"的另一种——酒修。客家菜里常有一款"酒鸡"，既是客家女子坐月子必备的，也可供前来探望和家里人吃着解馋。"酒鸡"又叫"鸡酒"，只因为你已分不清它到底是"酒"还是"鸡"。因为有了客家娘酒的参与，酒的醇厚和鸡的甘香在熬炖的时间中融合得恰好，一只客家好鸡的修炼，也就达到了至臻境界。做好之后的"酒鸡"，既是佳肴，也是补品，亦菜亦酒，不仅是产妇坐月子时滋补的佳品，用以招待前来道喜的亲朋好友，实属一个充满着客家民风和客家味道的饮食环节。

打听了一下"酒鸡"或曰"鸡酒"的做法，有的说直接用热油加爆香姜和鸡块，之后放入客家娘酒，但行家告诉我，用原只鸡来做鸡酒，可保证肉汁不流失，更

客家特色炒鸡酒（茉莉摄）

客家妇女从产后第一餐开始，必须以炒鸡酒当饭吃，并起码要吃够一个月。姜、鸡、酒相配，营养丰富，其味道辛甜而醉香，有开胃生津、祛寒湿、通经络五脏、活血祛瘀、滋阴益肾之功效。正因如此，客家人为小孩出生三日而举办的宴席取名为"请姜酒"。

酒修鸡

娘酒
客家

能调出真味。其具体做法，将整只鸡加腌料后，放入冰箱 2 小时后拿出，煎至金黄色以封住肉汁，之后加入鸡汤煮约 5 分钟，再加入娘酒滚沸便成。为做到原汁原味，鸡内脏也加入一齐煮。也有用客家娘酒与鸡同炖的，放入瓦罐内，隔水炖 1 小时，揭开盖时已是奇香扑鼻。

说来有意思，鸡在十二生肖的天干排序中，属酉。甲骨文的"酉"，其形状像个刻有花纹的酒罐。而在古音韵学中，"酉""酒"两字同音、同韵、同义。故此推之，"鸡酒"即"鸡酉"，有酒有鸡，酒肴一体。这"鸡酒"或"酒鸡"，内外兼修的道行实属了得。

更有"内外双修"

还有一只内外兼修的鸡，不可不说。准确地描述，应是"内外双修"，这就是猪肚包鸡了。广州人现在都很爱吃它，但就在 10 年前却全然不知还有这样一种吃法。而在客家人的饮食文化中，这其实是客家地区很传统的一道菜了，历史非常悠久。

猪肚包鸡，亦曾是客家女子坐月子时吃的一道菜肴，据说和"鸡酒"一样有很好的滋补功效。不说不知道，它还有个吉祥名字叫作"凤凰降世"。凤凰是人们心目中的瑞鸟，是天下太平、吉祥宝贵的象征。古人认为，时逢太平盛世，便有凤凰飞来，这寄托了人类的美好希望。最早是谁发明这道菜，已无从考究，但凡喜庆宴席都少不了它的身影，并逐渐成为客家人宴客时常做的一道菜。

猪肚包鸡亦曾是客家女子坐月子时吃的一道菜肴，它还有个吉祥的名字叫"凤凰降世"。

暖胃的猪肚包鸡（茉莉摄）

走进故纸堆，发现晚清民间小说家、广东四会荔枝园人邵彬儒在其粤语小说《俗话倾谈》中亦有猪肚包鸡的记载："珊瑚笑曰：……'我明日去墟上捉一只肥鸡，买一个猪肚。用猪肚笠鸡，任你食饱。'横纹柴曰：'点样笠法？我几十岁何曾食过咁好味道。'"源自客家的食俗，在清末已为广府民系所接受，见证了两地文化的相通相融。

天气一转凉，便是猪肚包鸡大行其道之时。尤其是在立冬之后，人们在饮食调养上需要温补，而广东人又怕不受补而上火，所以猪肚包鸡应是最好的选择之一。猪肚包鸡应该怎么吃？以下"三部曲"不妨按部就班，渐入佳境——

第一部曲——喝原汁原味的猪肚煲鸡汤，这属于"凤凰降世"中的"前戏"。汤色泽乳白、浓中带清。一口下肚，首先有一股辣辣的胡椒香气直冲味蕾，胡椒不仅能去除猪肚的膻味，润口暖胃，还使汤中多了一些刺激和挑逗。如果下雨、天气微凉或秋冬季节食用，更觉全身通爽暖和，非常舒服和惬意。除了胡椒的辛辣外，汤中还有猪肚的香甜、鸡肉的鲜美和药材的醇厚，不油不腻，回味悠长，称其为"天下第一汤"也不为过。

第二部曲——品尝猪肚和鸡肉，重头大戏由此开始。别看猪肚和鸡煮了那么久，口感却丝毫没有受影响，猪肚爽滑，鸡肉嫩香，配以葱姜调料一起食用，味道当然更加可口。食材的选择也很重要，猪肚最好选一斤三两到一斤半左右的，太小的猪肚不能把鸡完整地包进去，太大的口感则比较韧。鸡也要大小适中，而且要选用走

胡椒温中下气，消痰解毒，是客家人做菜时经常用到的调味料。山居生活需要吃点胡椒驱寒暖胃，那种口感适中的辣味也特别能增进食欲。

胡椒

猪肚鸡（御信客家王提供）

客家有吃"七种羹"的习俗。"七种羹"指的是大年初七（即古称"人日"）的早餐一家人所要吃的东西：把芹菜、大蒜、葱子、韭菜、米果、鱼、猪肉等放在一起煮，"芹菜"意"勤劳"、"大蒜"意"划算"、"葱子"意"聪明"、"韭菜"意"长久"、"米果"意"团圆"、"鱼"意"有余"、"猪肉"意"富足"。"食了七种羹，各人做零星"，意味着吃了这种羹，就要开始干些零星活了。

地鸡，肉香且不会太油腻。猪肚最好早点吃，若煲得久了，口感会稍差一点。

第三部曲——猪肚和鸡肉吃得差不多了，逐渐加入香菇、菜干或冬瓜干等配菜，进行"二次开发"，使之余音袅袅。每加一样，汤的颜色和味道都会随之变化。香菇入锅，可使胡椒味逐渐隐形，猪肚煲鸡立刻变身浓汤香菇炖鸡；菜干入锅，则会饱吸肉味和香菇味，使一锅浓汤变得清香宜人，甜美可口；冬瓜干入锅，因为它是吸味的材料，吃起来则爽口又香浓。

猪肚包鸡，内外双修；鸡和猪肚，相得益彰；肉味配料，好上加好。从酿豆腐到越说越让人流口水的猪肚包鸡，可发现客家菜不搞"个人主义"，不搞"英雄行为"，正如一句广告语所称道的——大家好才是真的好！

识鱼于山水怀抱中

<big>有</big>山的地方就有水，有水的地方就有鱼。江河湖海、涌塘溪潭，游动着无数或有名字或叫不上名字的鱼。山水怀抱下成长的鱼，味道当然特别鲜美，客家人又怎会不爱吃鱼？

整个人类社会，大概都是吃着鱼进化到今天的。据英国科学家迈克尔·克罗夫的研究，鱼类所含有的不饱和脂肪酸，在人类早期的进化中有着重要作用，为人类健康提供了最基本的营养。在世界各地的考古发掘中，人们会发现，祖先的生活遗址中有大量鱼类和贝类的残骸。靠海吃海也好，靠山吃山也罢，择水而居还是少不了，以鱼为肴也同样少不了。

"鱼，我所欲也，熊掌，亦我所欲也；二者不可兼得，舍鱼而取熊掌也。"当年孟老夫子的选择十分英明，选择熊掌证明"靠山吃山"要选最优物种，包括看准最好吃的部位。鱼在中国人的食谱里占有极其重要的位置，若是广州人宴请二三好友，点菜时若缺了一条鱼，怎么都过不了关。客家人呢？上一章提到，客家人宴席上第一道菜是鸡，寓意"吉利"；最后一道菜是鱼，寓意"有余"，正所谓老百姓常说的"鸡聚（入席）、鱼走（散席）"。

山里客最爱水中物，山区里往往多鱼塘。早期的客家人爱筑围屋居住，围屋的建造都遵循背有靠山、前挖鱼塘的风水格局。这样的鱼塘，顺带提供两个最主要的生活便利：一是消防设施，着火了没电话"119"可打，却有门前水可以马上施救；二是饲养家鱼，为家居生活提供源源不断的美味——没有腿的肉，就是指鱼了。

清蒸万绿湖石娟鱼（御信客家王提供）

农具（冼励强摄）

客家民居的内庭天井（冼励强摄）

山水是"吾"家

在客家话的发音中，"鱼"音同"吾"，"吾"者，古音"我"也。客家人爱己及鱼，爱鱼如"吾"。山水是"吾"家，那就多吃鱼吧。营养学家一般认为，从食物链的传承关系，白肉比红肉要来得健康，不饱和脂肪酸和铁的含量相对亦多。这白肉动物，主要是指客家人爱吃的鸡和鱼。民间还有种说法，人要吃肉，四条腿的不如两条腿的，两条腿的不如没有腿的。客家人爱鱼及"吾"，既为满足口腹之欲，也为自己身体好。

为寻一口最好吃的鱼，我来到万绿湖。万绿湖是大自然赐给河源山区的最珍贵宝藏，因四季皆绿，处处皆绿而得。370平方千米的浩渺碧水，蓄水量139亿立方米，里边该是怎样一个丰富多彩的水生物世界啊！由于国家

天井是客家建筑特有的形式，既为采光也承接雨露，内含的是人与自然的亲密关系。

万绿湖有机瘦身大头鱼

炖汤中经常出现的天麻

"一五"计划，河源在1958年建成了新丰江水库，因在群山之中蓄水成湖，优良的水质和丰富的食物很适合各式各样的鱼类良好生长，于是河源在群山的怀抱中，就又成了河源特色的"靠水吃水"。

寻味寻到万绿湖，我又寻到湖畔一个叫作"客家小镇"的小店，像这样可近赏湖光、远观山色的食鱼好地方，河源到处都是。上菜了，饭前先喝鱼汤，是天麻炖鱼头。我正想着这与广府民系的饮食习惯有何区分，邀我吃鱼的当地人李远飞已经开始介绍：河源客家菜的最大特点，就是随缘，哪个地方的人都能在此找到口味认同。李远飞之前从事媒体工作，他说现在更愿意当好一吃货。

接下来，摆我面前的是一条笋壳鱼，我迫不及待用筷子欲夹一箸尝鲜，却什么都夹不到。李远飞提醒我，这鱼肉很嫩很滑的，要用勺子舀。吃这鱼时，我在想，如果整个过程用布蒙上吃鱼人的眼睛，一定会以为吃到的是一种味道特别的好豆腐。再接下来还是鱼，只不过有煎、有焗、有红烧的。其实鱼是一种很容易烹饪的食材，关键在于寻得一条好鱼，寻得一方好山水。只要鱼质鲜美，怎么做都是鲜美的；若不鲜美的鱼，只能埋怨自身怎不

托生在客家山区。

　　要特别提一下我吃到的一个特大鱼头，摊开两半有40厘米长。李远飞说，这个5斤重的鳙鱼头，整条鱼有20来斤重。像这样体重的鱼，在万绿湖真算不上什么角色，只要你肯捕捞，大鱼总是有的。万绿湖鱼头的理想吃法，就是放下姜丝、葱白、花生油、酱油等清蒸，取其原味。鱼头与鱼肉的最大不同，恐怕就在于其层次感，不同的滑，不同的嫩，不同的因嚼骨头而层次递进的鱼鲜味。若说鱼头与鱼头有什么不同，那就是由鱼身重量而造成的鱼头大小之分了，愈大的鱼头愈好吃，这是爱吃鱼者都知晓的真理。

　　万绿湖半个多世纪的存在史，里边虽无藏龙卧虎，却游动着不少比龙虎更受当地人欢迎的长寿大鱼。四五十斤一条的鱼被钓上来，是常听说的事。李远飞告诉我，捕鱼也是一种技巧，甚至要打持久战，要等被钓的鱼累了，游近湖边，辅助以渔网才能搞掂。"太大的鱼，宰杀也费工夫，"他表示"甚至要出动斧头来砍。"

　　河源万绿湖的鱼好而大，其他客家地方的鱼不一定大，但同样好。一位梅州大埔人告诉我，大埔老家的山

山茶油蒸山坑鱼（御信客家王提供）

鱼头豆腐汤（茉莉摄）

万绿湖（朱日晖摄）

堆砌成孔雀形状的三角鲂（茉莉摄）

坑鱼，是不用吐骨头的，整条鱼放嘴里嚼，那鱼骨是骨不像骨只会增加鱼本身的质感。家在平远的另一位客家妹子也不甘示弱，平远老家最好吃的鱼要数三角鲂。这三角鲂，洁身自好，决不降低对生存环境的要求，在粤北山区能存活、能繁殖，是因为那里的青山绿水，大城市的人们就难以一近芳泽了。

"你是哪个部分的"

先说一个企业里聚餐的段子——

饭局中，鱼端上来了，老总先把鱼眼挑给两位副总，说这叫"高看一眼"；把鱼骨头剔出来给财务部主任，叫"中流砥柱"；把鱼尾夹给了办公室主任，叫"委以重任"；把鱼肚给了人力资源部主任，叫"推心置腹"；把鱼翅和鱼鳍给了市场部主任，叫"展翅高飞"；最后，盘里只剩下一堆鱼肉。老总摇摇头说："这个烂摊子还得我收拾啊！"

段子很好笑，但若在客家人的眼里，那个自以为是的老总更好笑：他到底懂不懂吃鱼啊？若你问起一个地道的客家人："鱼哪部分最好吃？"无须思考，就会告诉你：当然是鱼翅喽！

提起鱼翅，很多人最先会联想到"鱼翅捞饭"。20世纪七八十年代起源于香港的这一道名菜，其诞生与

做鱼生的鳊鱼（茉莉摄）

与食用，虽说多少带有一些暴发户的味道，但也曾经引领饮食潮流，现已不太容易吃到。人类为满足口腹之欲而大量捕杀鲨鱼，已严重破坏了海洋生态的自然平衡。往后一些时日，不要说"鱼翅捞饭"，就是鱼翅本身，也会逐渐退出人们的餐桌。但客家人所说的鱼翅，就是普通鱼身上的翅，与鲨鱼一点关系也没有。

生拆蟹肉干捞翅（味稻一号提供）

在河源，我吃过由万绿湖水所哺育出的一盘好鱼翅。这些鱼，见翅不见身，连当地的主人都叫不出名字。这盘鱼翅，大小不一，是由好几个品种的鱼翅拼在一起的，那暂且就叫万绿湖杂鱼翅吧。观赏一小会儿，做法是放姜丝、葱白、花生油、酱油清蒸的套路；轻尝一小口，硬鱼翅四周尽是嫩滑的膏状物，轻轻嚼动中，鱼油甘香便有层次地诱惑着我味蕾。我欲罢不能，这一餐饭竟就专攻这一平时难得专心去尝的美味，不免冷落了其他菜肴。前面那段子说吃鱼翅会"展翅高飞"，我信了，至少在味觉境界上肯定飞到更高层次了。

我所吃到的，还不属于最好的万绿湖鱼翅。据主人介绍，体形越大的鱼，那翅的味道越是鲜美。万绿湖的纯净生态，使得所产大鱼鲜甜肉软而不腥，一条大鱼就是一笔大收入。过去渔民捕获的大鱼都卖到广州、深圳等地酒楼，消费水平比较低的当地人也不太吃大鱼，因此大鱼在当地的码头价并不高。却说有一回，一酒楼厨师试着将大鱼翅单独制成清蒸鱼翅，试过者皆纷纷夸赞，即成口碑，食客闻风而来，万绿湖大鱼翅瞬间成了名菜。

现在人们来万绿湖想吃好一些的鱼翅，一般要选择10公斤以上的鱼。弄个全鱼宴，鱼头、鱼肉、鱼尾、鱼

在日常生活里，客家人忌讳用筷子敲打饭碗，认为这是乞丐的动作，以后有可能沦为乞丐；忌讳手不捧碗趴在桌子上吃饭，认为这是穷酸样，以后会很穷；忌讳把筷子竖着插在米饭上，认为这是供奉神灵或召唤亡魂回来吃饭时的做法，不吉利；忌讳吃饭时啧啧有声，客家人认为这是猪吃食时的状态；忌讳吃完饭两只筷子放得不整齐，这样容易让人联想到"三长两短"这个成语。

梅县乡村（冼励强摄）

在现代化程度较高的大都市，客家菜以其量多、味美引得大家喜爱，特别是山野蔬菜配以质朴古拙的木制品、竹制品做容器，给人一种返璞归真的美感。

骨腩等皆可单独成菜，最后的高潮戏当然是鱼翅，就着当地香醇、微甜的客家娘酒，来客一个个尽是不醉不归的了。

按我的体验，吃鱼翅的最大感觉就四个字：嫩、滑、爽、鲜。明代李时珍在《本草纲目》里曾记载："背上有鬣，腹下有翅，味并肥美，南人珍之。"读到这里，不知大家会不会产生如我一般的困惑：古人下海捕杀鲨鱼以取鱼翅的情况多吗？若没有鲨鱼的翅，别的普通的鱼翅能不能充当美食代用品？或者说古人所爱吃的，本来就是普通鱼的翅？不管怎么说，中原老祖宗爱吃鱼最好部位的传统，显然已被客家人带到菜肴制作上来。吃了几回客家菜的鱼，发现并不追求上菜的完整性，似乎背后总有一个酷爱分鱼给大家吃的老总。为求吃个明明白白，看来以后要像打仗前那样先问鱼一句："你是哪个部分的"？

我到梅州时，发现鱼头米粉是当地人的至爱，于是赶快试了一碗。大汤碗里，由煎香金黄的鲢鱼鱼头所熬出的鱼汤，汤色乳白、味浓醇厚，伴着米粉当然特别可口。究其实，鱼之鲜美者既在于翅，亦在于头。鱼头里的蛋白质、钙、磷、铁等成分，经浓汤这一升华，借米粉这一媒介，全部透彻地析出，难怪让客家人乐此不疲，实现着营养、口感两大满足。

又听人说，鱼尾米粉亦可一试。来不及在当地尝试，大致了解一些基本要领，回广州后我在家试做过一两款仿鱼头版本的鱼尾米粉：只要先把姜用油爆香，只要够耐性把鱼尾煎至金黄色，确保溅酒的不可缺少，那镬鱼汤的香味并不逊色于用鱼头所做。米粉则另放水烫煮至刚熟,用冷开水过冷河后再放入鱼汤中煮至滚开,放少许葱花、芫荽,自己做来,其味更加妙不可言。

但凡经常保持运动的肉质,都是质优味美的部位,鱼尾是鱼体游动的主导部位,一瞬间都不知要晃动多少回,能不好吃吗?鱼尾是吃鱼的"第二梯队",这话不骗你。

南雄珠玑古巷(冼励强摄)

让心境穿越

还得说回那个企业聚餐段子,若然老总是个嗜吃鱼生之徒,其行为就无可挑剔了,因为吃鱼生已直指人们的食鱼本质。

吃鱼生属于"脍炙人口"的事情。此说源自远古,说的是切得很细的生肉和烤得很香的熟肉同样好吃。由于远古常发生雷鸣电闪,一次引发了森林大火,人类的祖先遂发现了"炙"的吃法。而在没有"炙"之前,就得啃生的肉食了,"脍"是生食基础上的一次革命,祖先对工具的使用既满足了口腹之欲又实现了自身进化。据考证,这个字本来写成"鱼会",鱼肉之嫩,自然是"脍"的最早试用品。

客家人的宗祠(冼励强摄)

"脍"这个话题,活在两千多年前的孔夫子和孟夫子应都最有发言权。孔夫子那句"食不厌精,脍不厌细",即鱼肉切得越细越好吃,至今成为食家奉行的经典。《孟子·尽心下》则记载了孟子与其弟子公孙丑的对答:"脍炙与羊枣孰美?""脍炙哉!"毫无疑问,"脍炙人口"就是这么成为成语为后人所频繁使用的。凡事都愿秉承古风的客家人,亦是秉承了祖先对"脍"的无比热爱,将吃鱼生的行为进行到底。

孔子

孔夫子和孟夫子对如何吃鱼生最有发言权。

行文至此，必须插播公益广告：恳请慎吃鱼生！如饮食卫生不达标，一不小心，吃鱼生就会染上肝吸虫一类的寄生虫病，这与自己的健康过不去。

公益广告做罢，鱼生还是得继续写下去。客家人现在还敢吃鱼生，相信应该是山区生态保护得比较好，鱼身不易有寄生虫的缘故。平常一般拒吃鱼生的笔者，来到梅州还是抵不住诱惑。山风引路，我来到兴宁市福兴镇一个叫作新联村的地方，见一家小店写着"兴宁福兴鱼生"几个字，便走了进去。

据当地人介绍，客家鱼生的做法还是比较讲究的，首先是选鱼。鱼有许多种，最常见是四大家鱼：鲩鱼、鲤鱼、鲢鱼、鳙鱼，还有罗非鱼、鳊鱼、花鱼、鲫鱼等，实际上，凡是有鳞的鱼都可以用来做鱼生。当然上品是花鱼、鲫鱼、罗非鱼，这类鱼的特点是肉筋道、口感极好、味甜。选鱼还要注意看鱼的产地，凡是污水塘养出来的不要，最好是选用泉水鱼、清水河鱼、水库鱼，若实在没有，乡下清水塘养出来的鱼也是可以的。

其次，是处理这条选出来的鱼。与珠三角水乡吃鱼生的做法一样，这个环节很重要。先用刀背在鱼头和鱼身结合处用力一下把鱼敲晕，马上剥掉鱼鳃，将鱼倒吊起来将血放干净，然后将鱼鳞刮净，用干净的毛巾或吸水纸将鱼身抹干。砧板先洗干净并擦干，切肉时所用的刀要够锋利，肉要切得薄而透，切好的鱼生先放在竹筛上晾干水分。

却说我坐在"兴宁福兴鱼生"店里，茶饮几轮后，鱼生便端上桌面了。问了一下，店主人叫张宗贤，便以

行家认为，最好的鱼宴要到新丰江源头也就是韶关新丰县去追寻，清纯的水质才能孕育出最原生态的鱼味。

新丰江有机瘦身鲫鱼

新鲜的鱼生（刘刚摄）

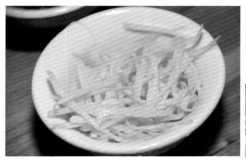

鱼生配料（刘刚摄）

贤哥相称。只见，贤哥先把切好的鱼肉片放入盛有蒜蓉醋的碗中浸泡，于是问其作用，回答说："这样才够爽、滑、香，当然了，还为了杀菌。"民间一直认为，喝白酒或许

鱼生味道如何，所放配料可谓至关紧要。

能杀掉已入肠胃的鱼生里的寄生虫的，但我觉得用蒜蓉醋的方法更靠谱。据介绍，醋要选新鲜的米醋，不能用醋精或陈醋，如果能买到乡下那些自酿的米醋那是最好的，这个醋也在很大程度上影响到最后成品的口感。

鱼肉片放进蒜蓉醋里浸约半分钟后捞起，放入装有纯净花生油的碗里。贤哥又介绍道："要用自榨花生油，这个很重要，鱼生的香和味很大程度上取决于用油，不可以用别的油来代替的。"说罢，贤哥把处理好的鱼肉片夹到我的碗里，让我自己再放些配料。我看见，桌面上已摆好一碟碟的配料：炸花生、炒黄豆、腌蒜片、薄荷叶、姜丝、葱白、鱼腥草、香茅草、胡椒等。

鱼生味道如何，与所放配料真是密切相关。记得书中有记载，孔夫子当年吃鱼生时是要加上调料的，并声明"不得其酱不食"。孔夫子爱用的一种调味品叫"芥酱"，不知这与今天日本人吃寿司所用芥辣有没有关系？吃鱼生加调料的风俗其实是相当古老的，先秦天子祭天祀祖，供俎的是切好的脍及所配"五齐"，也就是韭菜花蓉、芥末蓉、蒜蓉等物。成书于南北朝的《齐民要术》中，就有用蒜、姜、橘、梅、盐、醋等调成吃脍调料的记载。

鲢鱼

罗

鳡鱼

鳙鱼

鳊

香油　薄荷叶

醋

炸花生

泡

1. 在鱼头和鱼身结合处一刀敲晕

2. 倒吊放血，刮鳞，吸干血水

3. 切鱼片

4. 晾干水分

客家鱼生

鱼腥草

炒黄豆

生抽

香茅草

芥末

姜丝

淹蒜片

葱白丝

5. 用蒜蓉和自酿米醋泡鱼片　　6. 过一遍花生油

7. 准备配料蘸料

村路（冼励强绘）

客家人讲究礼仪，在筵席中座次席位的安排、菜肴摆放的位置、夹菜、敬酒都极讲规矩，处处体现出别等级、明人伦、昭穆有序的伦理思想。然而，客家人在一些特殊主题的筵席上却出现了与"长幼有序、亲疏有别"思想相悖的情况，如做屋、打灶时，那些在平时被视为身份低下的工匠师傅，在此时无论年纪大小，与主人亲疏关系如何，都必坐上座。

先前绝对没想到，客家人吃鱼生所需的眼花缭乱的调料，竟让我有重拾古风古俗的印象。还是赶快走出故纸堆，满足舌尖的欲望要紧！每样配料夹一些后，连同鱼生，已有大半碗的分量。我轻夹一小箸正欲尝其味道，贤哥却劝住了我，"这个吃法不对，要大口大口地吃！"

好，那就像扒饭一样，改扒一大口。哗！混杂着多种调料的鱼生，经过口腔里牙齿的咀嚼，舌上味蕾随时向掌管着味觉的神经报出瞬间变化的感受。容不得我慢慢品味，贤哥又向我发出最新提示了，"喝一口烧酒，那味道才出来。"我也听说，如果是在五华吃鱼生，那就要搭配当地所产的米香型白酒"长乐烧"，那才能吃出特别的感受，有人说那是一种"巅峰造极，令人生畏，很切食韵"的感觉。当然了，最地道的搭配，还少不了环境——上到鱼生船去吃，那才会有"很high"的感觉。我后悔没在五华吃一回鱼生。要不然，人随船摇晃，若有红袖添酒则更美妙，一口鱼生一口酒，最好醉倒在船舱，然后伸手打捞一把那"掉在水里"的月亮……

还是留点遗憾，下回再去，而且最好选择冬至去，"冬至鱼生夏至狗"。冬至又称冬节，天气冷冷的，何以祖先传下的老规矩，是要吃鱼生呢？之前我还参不透此中玄机。现在懂了，当冰凉遇上火热，鱼生之意原来全在于酒。

现代之人，有时还是要借助饮食的仪式，让心境穿越到古代，像古人一样品鱼论鱼。在这点上，做一名客家人是幸运的，因为其生活方式、生活态度上传承了更多的古风。不妨随时光机器倒倒带，穿越一下，试着像古人那样，大碗吃肉、大口喝酒，怎一个爽字了得！

诸肉还数猪肉香

在客家的山区里就这样走着，看见有食肆在门口打出炫目的口号：诸肉还数猪肉香！

敢于标榜"猪肉香"的，一定是客家人。客家菜的猪，是不一样的猪，是爱在山区、靠山吃山的猪，是遵循自然规律、享受自由生活从而健康成长的猪。

猪，是人类最早驯化的几种动物之一。在中国，野猪驯化为家畜的时间，大概在 8 000 年以前了。漫长的农业文明，已让猪成为中国人家庭须臾不可缺少的组合部分，一个"家"字已尽显其核心地位，无"豕"不为家。或者，也可以这样说，没有猪肉香就缺乏了一种家庭的味道。

客家人的祖先从中原一路南迁，猪肉在肉食中的核心地位，一直没有动摇过。有位客家人曾撰文指出问题关键：南迁后的客家人，很多居住在山间僻地，为了使繁重劳动时的空腹感到充实，就要摄入脂肪较多的食物，猪肉远比牛羊肉肥，大约这个就是能在漫长取舍中留存下来的原因吧。

当我们迈进到工业化、都市化，什么都讲速度讲效率的时代，大量肉食在被催生的过程中已变得肉味渐失，或者说，形还在而神不存，不少猪肉吃起来已不太像猪肉。客家人却执着地坚守着一份纯真，哪怕是远到广州开店，所用的猪肉，都必须是从山区老家运送过来。

若有人想打破砂锅问到底，想弄明白所谓的猪肉香到底是什么香？客家大厨就会竖起三根手指，娓娓道来：清香、浓香、咸香。末了，他补充一句，加上咸鲜之香，这几乎就是包括鸡、鸭、鱼、牛、羊、狗等所有客家菜的肉香味道。

客家菜的猪，亦是靠山吃山的猪

乡下土猪汤（御信客家王提供）

梅州腌面（茉莉摄）

猪肉

要了解客家菜，其实完全可以从肉香的品尝开始；要了解客家的肉香，又完全可以从尝试猪肉的肉香开始。

清香：感受客家人的"励志味道"

客家土猪，在天然健康的环境下生长，成长周期长，由于有足够的时间沉淀足够的营养物质，因此具有胆固醇含量低、不饱和脂肪酸含量高、肉质细嫩、肉味香浓，没有异味、腥味等特点。

初识客家土猪肉的清香味道，是从一碗猪肉汤开始的。那天驱车抵达梅州市的梅江区，准备往"客天下"景区办入住手续了，听同行的客家摄影师刘刚提起，最能代表梅州客家美食的其实就"一碗汤""一碗面"。闻此言我来了兴趣。走，吃去！

随便找了一家街边小店坐下，面和汤很快被端上来了。面叫腌面，汤叫三及第汤。刘刚告诉我，这汤，梅州人宵夜爱喝它，早餐也爱喝它。我轻抿一小口，香！准确地表述，是猪肉所特有的清香。我用筷子拨开汤里的料，也就瘦肉片、猪肝等看似普通的食材。好奇地打听了一下，原来关键是要选用新鲜宰杀的农家土猪肉，与猪肝一起切薄片后拌入薯粉，在汤水中煮到刚熟，配些枸杞叶和少许咸菜，便可装碗。枸杞叶功在明目，咸菜性能下火，又据透露，往汤中加几滴酒糟，味更鲜。

那么，为什么要叫三及第汤呢？我从广州来，自然联想到放有猪肉丸、猪肝、粉肠的及第粥，又称三元及第粥。肉丸之丸谐音比喻状元，猪肝比喻榜眼（本来是用牛膀的，后用猪肝代替），粉肠切小段在外沿再剞两个刀口，熟后成花状所以比喻探花。在民间传说中，伦文叙高中状元之前最爱吃这种粥了，遂有此名。但从梅州人对此的回答来看，似乎没有广州人扣得那么贴切。

与废除科举考试前全国的情况一样，客家人也都希望通过读书改变命运，希望殿试高中，赐"进士及第"。相信山里人"读书及第"的人生祈求，会比沿海地区、平原地区更迫切，所以就"喝汤明志"。读书费脑子，需要随时补充营养，大概也没有哪样食品像猪肉这样，既煮来快捷，营养价值又高，更是那么可口。一首客家童谣，也唱出了爱喝三及第汤的读书人的心路轨迹："月光光，秀才郎；骑白马，过莲塘……"

我查阅了一下，客家人祖上因矢志苦读而出人头地者还真不少，据《梅州教育志》所统计的自宋到清的科举情况，全梅州（旧时称嘉应州）历代考取秀才的有16 479人，经殿试高中进士者234人，内有翰林33人。梅州自古科场就多高手，从古存之（宋进士）到宋湘（清进士），都是历史上赫赫有名的人物，甚至南宋时松源镇金星村还出了蔡若霖、蔡定夫、蔡蒙古这样祖孙三代接连高中进士的事情。当然，史籍上缺乏对进士、秀才们的食谱介绍，与三及第汤的紧密关系，也就有待进一步考证了。

梅州人那么喜爱喝三及第汤，早也喝晚也喝，我相信那更是一碗励志汤。之后我又喝过类似三及第汤的全猪汤，汤里洋溢着的猪肉的清香仍为卖点，只不过汤里所包含的食材，猪

父子皆进士的秘密，是父子皆要喝三及第汤。

三及第汤（御信客家王提供）

父子进士（冼励强摄）

猪肝

猪肚

咸菜

的部位涉及面更广泛一些。据介绍，全猪汤主要选用猪最"精华"的八个以上部位的肉，再加上猪肝、猪腰、猪肚、猪心、猪粉肠等"猪杂"，也伴有枸杞叶或咸菜叶，料多了足了，味道自然更浓香。但说老实话，我更愿意喝一碗叫作"三及第"的赋予励志主题的汤。这碗汤能喝出客家人极具进取之心的精神传承，我想这已超值了。还是客家童谣说得好："耕田爱养猪，养子爱读书！"

除了三及第汤，我听说更有一种"八刀汤"，享有"客家第一汤"的美誉。细打听了，也就是在土猪身上的不同部位切出八刀，从而让作为汤料的猪部件有更好的搭配。当然了，其核心技术，在于有些部件的切取要在全猪开膛时避水而剖，从而最大限度地保存土猪鲜味。

客家土猪肉加上清水，貌似简单的搭配，偏偏成就了猪肉汤的清香。还是听曾雪光介绍，不要小看这个搭配，一般人还真做不来。水，必须是客家山区流出的山泉水，如果改用大城市的自来水，那汤的清香味起码要被破坏掉一半。所以即便在广州经营一家客家餐厅，如果想要保证出品和口碑，餐厅里的猪肉和煮汤用水都得远道从梅州家乡运来。末了他强调一句："汤要隔水炖，而不是直接煲，更能喝出猪肉的清香味道。"

我后来下榻河源，印象深刻的同样是猪肉汤之精彩。我听说，河源人每天睡醒后所考虑的第一件事，就是早餐吃什么？到哪里去吃？我这样充满期待地跟他们去感受早餐之乐，结果扑面而来的又是猪肉汤。一个个紫砂小炖盅里，盛放着用猪肉加上汤料所炖的汤，猪肉清香与植物清香混合成特别舒适的口感，让我很有喝了再喝

的冲动。主人却劝住了我：一盅足矣，留些
悬念，明晨再来感受不一样的汤味。

　　一日之计在于晨，这也体现在客家人睡
醒后的早餐谋划里。河源人向我隆重推荐的
当地特色名早餐，叫猪脚粉。说是来河源不
吃它，是舌尖上的遗憾，并且吃了一碗不信
你不想再吃第二碗。有那么夸张吗？乍闻这
话我就在想，广州西关也有一款名早餐叫作
猪手面，差别应不会太大吧？一试之下，我明白差别究
竟在哪里了，河源猪脚粉的味觉特点说白了还是这两个
字：清香。

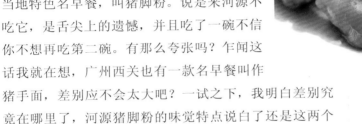

子姜和味猪手（茉莉摄）

　　猪有四脚，但广州人偏爱把"脚"说成"手"，于
是就有了猪手面，以及由"手"而来的"姜醋猪手""白
云猪手""南乳猪手""发财就手（发菜猪手）"等菜式。
河源人实事求是，说回猪脚，并搭配以河源特产的霸王
花（牌）米粉，做出了最能体现猪脚原味的一款早餐。

　　猪脚或曰猪手，其筋腱及皮肤含有丰富的动物胶原
蛋白，除了有护肤美容的特别功效，老百姓更关心的还
是它的美味。只是，烹饪中的火候拿捏及跟进加工，往
往决定了差异甚大的口感。火候老了猪脚就显肥腻，火
候不够又咬不动，难得的是河源人居然能掌握其中真谛。

　　在此之前，吃猪手我最爱的是广州菜中的"白云猪
手"，好在口感之爽，好在完全不腻。这一回我吃河源
猪脚粉，果然很有吃了想再吃的欲望，那猪脚的火候恰
到好处，皮爽肉滑的效果中很有"嚼头"。河源的友人
提醒我留意一下汤的味道。细尝之下，竟马上产生的联想，

是我在广州西关居住时爱吃的云吞汤面之所以好吃也是因为其面汤，那是用大地鱼、筒骨等熬出来的老火汤。

那么，眼前的汤，又是如何秘制的？秘方，原来是一种叫作"火辣鱼干"的海鱼，经火烤后研成粉末加进汤里。至于最早是由谁发明的、用其他鱼代替何以就不成，目前还没人能查找到答案。

遗憾的是，别处仿制不了的这么独具地方特色的一款粉食，只用了一个平淡无奇的名字叫猪脚粉。许多的客家菜，往往都是这样，懂得把它做得很好吃，却不懂得起一个好听的，甚至于有"文化内涵"的名字。三及第汤算是一个稍稀罕的特例。但我相信，若深挖掘下去，每一道让人垂涎欲滴的客家菜，往往会缘系某个由读书改变命运而来的励志故事。

浓香：辨识客家人的"老中国"烙印

同样叫作猪肉，何以客家的这种土猪会特别香？

有人认为，此乃慢生活所赐，慢吃农家饲料，养足8个月以上让其缓慢长膘的土猪才会好吃；有人还强调，水是生命之源，长年有山泉水可喝的客家土猪，当然与一般的猪不一样。更有人认为，客家人善于不断提升、激发猪肉的香味，这才显其真本事。

在本来肉香的基础上，客家人还会加上调料和配料，丰富其香味上的浓浓的层次感，红焖肉便是很能凸现猪肉浓香的经典代表。说到吃猪肉，有人喜吃瘦肉说是瘦肉有嚼头，有人喜吃肥肉说是肥肉香，唯独香味浓郁的客家红焖肉因选择的是肥瘦相间的五花腩肉，经主妇们的巧手制作之后正好既有肉香又肥而不腻。先是要备好

红焖猪肉的一大特点就是一个"烂"字。它是在东坡肉的基础上不断丰富和发展起来的。过去，凡客家宴席，最后上的一款菜必是红焖猪肉。今日的宴席则有："猪八戒，靠边站，牛魔王，赶出去，乌龟王八爬上来"的顺口溜，习俗已不同于昔。

红焖猪肉（茉莉摄）

配料：酱油、料酒、南乳、大蒜、八角、红曲、酒糟、片糖之类，这里要特别说说红曲和酒糟。红曲，是一种经特殊发酵处理后呈棕红色的米粒，除了提味还给食物染上了一层好看的红色；酒糟，几乎就是客家人民无酒不欢的缩影，由酿酒而沉淀下来的这一糯米副产品，随时随地散发酒的芳香。有这两样尤物的参与，红焖猪肉才"色红味香"。

人分三六九等，肉分三花五花，猪腩部分的五花肉最适合做红焖肉了。自己尝试做，配料可以简化，火候则一点不能省。曾吃过一种"大块肉"，最能体现客家菜的"咸""肥""烧"诸特色。其做法是把猪腩肉切成三指宽、半指厚的"三层靓"，先走油煮熟了，再加大蒜、酱油等焖至软绵。其中最重要的配料，就是大蒜，故又叫"大蒜肉"，也有叫"蒜喱焖猪肉"的。加上笋干、咸菜同焖，则吸饱肉汁的配菜更惹味。

吃过几回红焖肉，我止不住好奇心要问：这与北方人爱吃的红烧肉，差异到底有多大？究其实，但凡有猪肉的地方，就有人爱做红烧肉；但凡是猪肉爱好者，便会找红烧肉来吃。以至于一段缘系"笨笨红烧肉"的房地产大佬恋情流出，各种红烧肉的做法便迅速晒到了网络上。我想，虽说红曲和酒糟是客家红焖肉所特有的，但是不加这两样佐料，不等于红焖肉就做不成的啊。后来遇到旅游文学作家武旭峰，于是又抛出红烧肉与红焖肉之异同问题。武旭峰没有直接回答，而提了个足够让我想足一晚的问题："你不觉得，客家人的口味与'老中国人'是一脉相承的吗？"

五花肉

南乳

南乳、红曲与酒糟，堪称提升猪肉浓香味道的三件宝。

炒大肠关键环节：一是选料，要选宰杀不超过半天的猪大肠；二是洗料，要用薯粉和清水洗；三是配料，要用甜酸适度的醋果子即酒酿浸制；四是爆炒，要用旺火，翻炒动作要快；五是要趁热吃才脆。客家人喻炒大肠犹如为人处世，讲究的就是一个"度"字：大肠洗得过于彻底则索然无味，洗得不到位，又有猪屎臭；火候过了就嚼不动，火候稍有不足，又会吃坏肚子。为人处世也一样，凡事要恰到好处。

所谓"老中国人"，这就得追溯到客家先民告别故土，筚路蓝缕，五次南迁的故事。对客家文化研究颇深的武旭峰告诉我，历时1 500多年的五次大迁徙，都发生于乱世，许多名门望族、显赫世家、达官贵人、忠臣孝子为了"避祸""求生"，万里南迁，躲进深山、封闭隔绝，生存空间虽变了，但不会变的，是由祖先传下来的饮食方式及其习惯口味。成了正宗嫡传的"中华儿孙"，所以纯正的客家人又可称之为"老中国人"。

红烧肉因配料上的浓油赤酱以及烹饪上的充足时间，已令猪肉实现了色、香、味的完美组合。从古至今，人们饕餮起来，最嗜"肥""甘"二字，红烧肉肥而不腻、瘦而不柴，最能吊起人的食欲，这也是无论京菜湘菜还是苏杭菜，都少不了它登上餐桌的缘故。再看历史上每遇重大变故而产生的"老中国人"大迁徙，无论从哪里来，也许都怀揣一个红烧肉的祖传食谱。与清鲜的广府菜比较，崇尚肉香浓味的客家菜，似更得中原菜的真传。

但不要以为，浓香就全赖调料和配料所赐哦，猪本身所散发出的原生浓香，那才是真的浓、真的香。一只喝山泉水长大的猪全身都香，最香莫过于其"下水"，也就是内脏。爱吃客家菜的人，一般都忘不了一道菜：炒猪大肠。爆炒后端上桌面的猪大肠，又称"玻璃猪肠"，白而嫩，爽且滑，夹一箸入口咀嚼，充斥口腔的浓香绝对让人对肉香有

咸菜炒猪肠（茉莉摄）

一种全新的认识。

我不止一次问过猪大肠的嗜食者：这种浓香到底属于一种什么香？对方不假思索，所道出的真相竟然是：隐隐约约所能吃出的猪粪味。彻底晕倒。凡事不能太讲究，这猪大肠，原来是不能洗太干净的，只为留住丁点儿的猪粪味。想想也对，猪粪本属臭物，却是上好的农家肥，经土壤之转换后孕育出最好的瓜果蔬菜。吃这浓香的猪大肠，则属于对农家肥"一步到位"的重口味鉴赏。

好吃的猪大肠，具体又该如何制作呢？问过客家厨师说，从新宰的猪取下这大肠后，要摘净网油，翻转吊干水分后，切成小段，加精盐、生粉等抓匀，烧镬下油后猛火爆炒，至缩成"顶针"状，再加佐料、配菜略炒，推芡后即可上碟。炒时的火候拿捏，亦至关重要，千万别过火，否则就口感全无了。又据介绍，如果是农村人烹制猪肠，那网油亦不摘净，一为带出更浓的"猪粪味"，二为炒熟后"金包银"的效果。

好吃的猪大肠，配料也很惹味。诸如咸酸菜、酸笋、大豆芽菜等，随意挑一种，调味炒好后，在猪大肠将熟前放下去炒两下再起镬，下饭时都会多吃两碗饭。我相信，客家人的"老中国人"祖先，在判断一样菜好不好时，会以能否下饭为衡量标准。浓香的肉味加上清香的饭味，生活才会过得充实又踏实。

"顶针"是小时看奶奶做针线活套于手指，用来助力顶推针线的指环状金属工具。看这款菜像不像？

咸香：储藏客家人的"思无"远见

无论什么样的肉香，倘若缺了盐的调味，那肉香就会大打折扣。于普通劳动人民来说，只知盐

回味猪肠（茉莉摄）

位列"柴米油盐酱醋茶"之开门七件事，厨房里少不了它，烹调出好吃的猪肉更少不了它。而对于普天下的美食家，"盐是上味"这是大家都尊崇一个颠扑不破的美食真理。

客家人之独特，在于把盐的作用夸张了看、夸张了用，做菜少不了盐，更不能放少盐。盐若少了，就晒不成客家最招牌的梅菜，也做不成招牌菜盐焗鸡了。还有招牌客家咸猪肉，总是一门心思力图把盐味全灌输进猪的肉身里。须知猪肉诸香，清香是香，浓香也是香，咸香更是香中之香。我相信，《西游记》若是由客家人创作，猪八戒所遇到的最高礼遇，一定不是被美女所团团包围，而是被盐所一腌再腌。

客家人的历史，本是一部从北方往南部迁徙的历史。每一次迁徙之后，好不容易找个山里地方安顿下来，鸡也养了，猪也肥了，一逢战乱又得迁徙。只能杀了鸡宰了猪，园里种的青菜也都赶紧拔了带着逃难，盐这时就是最好的防腐剂了。应该说，不少客家菜的菜式，最早就是从方便贮存的考虑而引发出来的，"常在有时思无时"。

客家的村落往往是这样的：中心是古来的祖居——围屋、围楼、圆楼、方楼、五凤楼、四角楼等；附近或较远的山坡、丘陵则有由祖居迁出的规模较小、形式多样的房舍，形成以祖居为"中心"、新居为"卫星"的宗族式村落结构。

在以前物资缺乏的年代，客家人会把珍贵的猪肉或是蔬菜腌渍起来保存，以延长食用时间。客家咸猪肉便是如此，用最传统的盐腌法，将新鲜的五花肉以盐和各式调味料，制成咸香独特的腌咸猪肉。于是，腌咸猪肉就成了客家人在家里炒菜招呼客人时的最佳风味，当然，自己欲放宽心情喝两口烧酒，似乎也找

车氏四角楼（冼励强摄）

客家各种山货（茉莉摄）

不到比腌咸猪肉更合适的下酒菜。

在客家山区吃了几回腌咸猪肉，回广州后几日不沾，总觉得嘴里没了味道。按捺不住那种舌尖的欲望，千方百计从朋友那里寻来了据说比较传统的腌五花肉配方：盐、五香粉、白胡椒粉、辣椒、蒜等适量。腌后的五花肉用保鲜袋封好，放入冰箱冷藏，大约两三天后，猪肉即已入味。这样腌好的猪肉可能会比较咸，烹饪前最好将表面多余的盐分洗掉，味道更适中。之后，可按照个人的口味喜好，适当进行再加工从而演绎出不同口味，或切片后用猛火直接蒸熟了吃，或炒、拌、煎，亦可配些配菜一起烹调，只为品出不一样的肉之咸香。

说老实话，拿到配方后，我至今还没做过一回私家腌咸猪肉。不是我太懒不愿下厨房，而是觉得回到广州的菜市场买不到喝山泉水长大的猪，食材的先天不足会影响我对客家咸猪肉的好印象。当见识了的客家腊肉之后，便认定这是最到位的咸香。那肉，自然是来自山里的猪；

八大碗

客家人喜庆宴客，宴席上一般是"八大碗""十大碗""十二碗"等。碗是驳古碗或彩青色碗公。碗中所盛菜，通常有鸡菜，如姜酒鸡、盐焗鸡；肉菜，如梅菜扣肉、红焖肉；还有酿豆腐、肉丸、鱼丸、腐卷、蔬菜等。至于富裕的人家，则添加各种海味，如海参、鱼翅、鱿鱼、墨鱼等。

客家先民从迁徙的艰辛中体验到人丁繁盛的重要，无论对外抵御侵犯，或是对内发展生产，人多均是第一优势。在人口的繁衍过程中，妇女起到关键作用，直接关系到家族的人丁兴旺与否，所以客家妇女很受重视。

客家妇女坐月子要洗草药浴、饮米酒、吃炒鸡酒直到满月。洗草药浴可以祛风除湿、解表发汗、利关节；食鸡酒能去瘀活血、温中补虚，产妇可以在短时间内迅速恢复元气。这些饮食习俗体现了客家社会在特别时期对妇女的特别重视。

盐焗鸡脚（茉莉摄）

那香，是由盐而带出的香；那形，切薄了蒸熟了呈亮晶晶的白玉般模样，光是卖相都十分诱人。难怪有人又把这种腊肉称之为"白腊肉"，我更愿意想象为腊"欲"，见之已把整个食欲都引诱出来了。

在没有冰箱的漫长岁月里，腊肉大概是最能储存肉食的方法了。生存条件和生活方式的不同，也导致不同民系有不同的腌制腊肉的配方与手法。儿时住广州西关的我，对"皇上皇"品牌爱得最深，因此以为但凡腊肉腊肠的名字都叫"皇上皇"。长大后见识了其他牌子，于是认为所谓的腊味，都是这样肉香中夹带有酒香、酱香以及一点点甜味。后来又尝到客家腊味，才发现与之前所熟悉的广式腊味差异很大。

把这客家腊肉送入口中，薄薄的但觉肥而不腻，盐味肉味浑然一体，咸香中突显的是香而不是咸。与广式腊肉不同，客家腊肉靠的就是盐。客家腊味可以有许多搭配吃法，可直接蒸熟上桌，又或者和一些蔬菜一起炒，肥肉的颜色晶莹剔透，瘦肉则红而有嚼劲。如果是腊肉焗饭，隔很远都能闻到腊肉和米饭的香味。也是听朋友介绍，客家腊味选料、制作都十分讲究。首先选腊猪肉时，要选半肥半瘦的猪腩肉，因为全瘦腊肉有如嚼树皮，全肥腊肉又缺嚼头。再一打听，客家腊味晾晒更有讲究，最好选风高阳艳、湿度低的日子，让其自然风干，才能做出这样入口喷香的客家腊味。得天独厚，客家人选择了山区作为居住地，昼夜温差大更兼山风劲吹，这样晒腊味的条件哪里找去？或者也可以这样理解客家腊味与广式腊味的最大不同：看能不能尝出"风味"——山风的味道，原来可以通过这样一种方式，凝固为人间美味。

由于客家腊肉、腊肠都是沐浴着山风生晒而成，而非机械化生产，不像一般腊味那样为求产量而直接进烘炉烘干，所以肉质特别松化饱满。吃多了几回客家腊肠，我还发现，其形状大小不一，很不规则。纯手工生产的东西嘛，不在好看而在好吃，不在调料多而在盐要放足。

客家腊味（茉莉摄）

"吃尽美味还是盐，穿尽绫罗还是棉"。事实上，在客家菜的所有肉香中，都少不了盐的参与。咸鸡、咸鸭、咸鹅、咸鸡脚、咸鸡翅、咸鸡腿、咸鹅腿……凡肉皆可咸，咸了肉才香，百吃都不厌，吃了还想吃。我怀疑，盐一直隐藏了某种类似于罂粟的、让人吃了会上瘾的隐性基因，遇肉而得以迸发。信不信由你！

若论猪肉之咸香，火腿理当为上品。宰猪后只选取猪的后腿部分，满抹足够的海盐，其间控制好盐腌过程中的温度和湿度，并随时上盐保证其咸度，之后经过慢长时间的风干、发酵，至散发出一种极其美味的咸香，便大功告成。像浙江出产的金华火腿、云南腌制的宣威火腿，都是火腿中的上品。

我却不明白，擅于腌咸猪肉的客家人，何以偏偏就是不腌火腿？或者说，不曾腌出品牌火腿？莫不是，就像那个"猫教老虎，不教上树"的故事，其祖先从中原迁徙时没教火腿这一招？坐拥好肉味，不求最好味，"思无"大概就属于客家人对待每天所吃的一种最基本的生活态度吧！

客家人的腊味名副其实最有"风味"——山风的味道。

客家的粄

叁

粩食篇

『中国第五大发明』

> 66 中国有四大发明"，你道是哪四样？

若作为一个吃货级别的标准广州人，回答会是：粥、粉、面、饭。

这话倘若改由爱吃的客家人来说，会纠正道"中国有五大发明"，另一"发明"叫作"粄"。爱吃的潮汕人亦会认同有"中国第五大发明"之说，只不过他们会把另一"发明"称为"粿"。

说"四大发明"也好，称"五大发明"也罢，都是人类社会在漫长的进步过程中所赖以生存的主要粮食。坚守也好，迁移也罢，人类只要在一个地方稍住下来，总要种下粮食，以供生存。客家人南迁后，由于所处的自然环境发生了很大变化，便学会了在山地上种木薯、番薯、芋头等根状或茎状的淀粉类食物，在其饮食结构中以稻谷混合这些杂粮，"粄"就应运而生了。

"粄"字，不见于一般字典，也不见于外方言区，只在客家地区长期使用。查《广韵·缓韵》，已有"粄，屑米饼也"之释义，古籍仅仅说了局部现象。粄从中原传到客家地区后，已不仅限于由大米成浆成粉后所做成的糕饼类，还有糯米粉、木薯粉、番薯粉、高粱粉、麦粉、豆粉等，亦掺在其中。在粥、粉、面、饭之外，粄既属于第五主食，同时又成为诱人垂涎的小食。它甚至还会充当菜肴的角色，在各种场合、各样时段里满足着人们的口腹之欲。

漉粄（茉莉摄）

客家山区（何方摄）

在这个阵容庞大、关系复杂的杂食王国里，各种粄食各有各的独特风味，而且卖相极佳、形状多样，可谓集色、味、形于一身。你光看这些名字，也许已忍不住流口水了：发粄、红粄、黄粄、白头翁粄、鸡颈粄、鸡血粄、老鼠粄、猪笼粄、清明粄、碗粄、圆粄、豆粄、笋粄、艾粄、糠粄、捆粄、溜锅粄、灰水粄、苎叶粄、七药粄、九层粄、萝卜粄、忆子粄、丁子粄、叶子粄、灰水粄、簸箕粄、猪笼粄、锅笃粄、人缘粄、味窖粄、算盘子粄……

酿粄（茉莉摄）

粄的出现，最能表现具有山区特色的家、野、粗、杂的传统吃法了。粄的加工手法五花八门，涵盖种类之多之广，以至于至今没有人能统计出其数量、品种的准确数字。

鸡颈粄（茉莉摄）

米浆装碗（何方摄）

客家人天性爱吃，这从对灶神的敬爱有加可以看出来。每逢农历十二月廿三，要行礼'谢灶神'，家家户户必须备办猪肉、鸡、鱼、红枣、花生等祭品，当然，少不了粄。到年初五还要设祭，以供迎灶神从天上返回自己家中。

味窖粄

"等路"的选择

接触客家粄食，顺便听得最多的一句话，叫作"等路"。

客家民系是个重情重义的民系，亲人上路、朋友告辞，总会送上"等路"，这"等路"往往就是粄。"等路"在客家话中的意思，相近于广州话的"手信"，却又不完全相同。"等路"一般是由主人送出，有时只是切开的一小块粄，伴客上路，物轻情重。

初来梅州，我将会认识什么样的"等路"呢？但我发现，自己已先"迷路"了。主要是"花多眼乱"，太多的选择，令我无从选择。

初次识粄，是在梅县松口镇的一个客家人家里。外表呈金黄色的味窖粄，作为午饭的一道菜摆在我面前。主人陈哥告诉我，成品是切了再煎炸过的，原貌不是这样子。味窖粄，有地方会叫成"舀浆粄"或"水粄"，是极具客家风味的传统食品。按我的观察，不就是蒸熟了的米粉糕嘛。后来看到其完整的真面目，见中间有一个"味窖"，这是专门用来盛放调味品的，才知道为什么有了"味窖粄"的说法。

每到稻谷收割季节，就是制作味窖粄的最好时光，那粄特别能吃出新鲜的米香。它的通常做法，是把大米磨成浆后，与少量土碱水拌匀，用开水冲浆，盛入小碗蒸熟而成。因蒸熟的粄四周膨胀，中间下凹，正好盛放佐食的调味品。味窖粄最通常的吃法，是用竹片刀将其划割成好多小块，用筷子夹起或用竹签插了，蘸了味料来吃。

见诸文字时，不少人亦会把它写成"味酵粄"。但我相信，用"窖"字更能直指其存在本质，更能展示其风味神韵。客家民系的生活状态，往往会展现一种独特的"围文化"方式。围屋那圆形的建筑，自是把每天的衣食起居全"围"起来，围屋里又围有一个圆圆的水井，提供着清冽、安全的饮用水源。我想，味窖粄大概就属于一个粗放的"围"系统，而"味窖"就是被围起来的水井了。同处一个系统内，凡事皆相帮，情义尽展现。

不妨这样理解：放有味料的味窖粄，无疑会让客家人记起，其祖先当年因战乱奔波流离时而同用一口井的历史碎片。说到这放入"味窖"里的调料，各地有所不同，梅州的一些地方，把调料称之为"红油"或"红豉油"，其实就是把油炸蒜仁碎加上红糖、姜蓉、酱油等拌匀而成；而大埔的就比较喜欢放辣椒酱。

作为最常见的大众食品，味窖粄在梅州乡下的集市小摊常能看到。我在梅县松口镇里闲走，还能看到有人骑着自行车穿街过巷售卖味窖粄的身影。由于制作简单而

客家的美味少不了水井

远看典型的客家村落（茉莉摄）

客家贺喜食物（何方摄）

吃法多样，它亦成为客家人贺喜、庆功的食品。我听说，抗日战争时期，卖味窖粄的小贩还上街唱歌谣道："抗战到底，磨味窖粄；抗战胜利，鲩丸蘸白味。"（注：鲩丸是一种当地人爱吃的鲩鱼肉丸）

味窖粄可放油镬或煎或炸了当菜吃，讲究些的还会蘸了面浆或鸡蛋来炸。还可以切成块状，加上虾米或腊肉之类的调料，做成各式各样的菜肴。说回我在梅县陈哥家里所吃的农家饭，那煎成金黄色的味窖粄我吃得津津有味，以致最后忘了这粄是菜还是饭。

这"味窖"的味道，也是百变的味道。粄是主食，还是小食，抑或是菜肴？犹如莎士比亚戏剧中的"哈姆

街头味窖粄（茉莉摄）

雷特选择"一般的话题,是否也一直困扰着客家人?

边吃粄,边和当地人聊着粄的传统和故事,他们建议我去一趟大埔,说那里集中着数量最多、品种最庞杂的粄食,说是一个粄食王国也不为过。退而求其次,去雁鸣湖也不错,粄食多多,可以"一碗打尽"。

"一碗打尽"?这主意不错,就像报刊里的"文摘版",把精华部分都摘取到一起来。在一位同为姓饶的本家兄弟引领下,我来到风光旖旎的雁鸣湖。这是一个国家 AAAA 级景区,我却无心欣赏周围美景,但求直奔"一碗打尽"美食主题。却原来,大凡来到雁鸣湖的游客,都可以在一个餐厅尽享诸多客家粄食。给你一个碗,看上什么就夹什么,只允许放入肠胃里带走。

问了一下,雁鸣湖每天推出的粄食也就四五十种,但哪怕一款只吃一两块,容量有限的胃又能带走多少?还是抓紧时间,务求对粄更多的了解。嘿!我就从饶姓兄弟那里又套出点货儿:但凡地道的客家粄要体现一个"精"字。选料都要精,如优质的米磨出来的浆才能蒸出透明爽滑的粄皮;制作也要精,做米粄用的米浆一定要细细研磨出来,一点也不能含糊;好些粄是包有馅料的,更

做笋粄的鲜笋

欢声笑语接花灯(何方摄)

是要精，里边有用肉馅的，更多只用时鲜蔬果，用料节俭又能做出好食物，方显真本事。

依着刚学来的知识，我对在雁鸣湖所吃到的笋粄马上情有独钟。欲领略客家粄风味，若与笋粄失之交臂会是一大损失。那粄皮，是用木薯粉加一些煮熟捣烂的芋头泥混制而成；那馅料，是鲜嫩的山里竹笋加少许肉末所调成。吃笋粄时，可先轻咬一小口，啜吸由里向外所渗透的汁液，之后再大包围地大口享受由粄皮与馅料混合而成的如下感受：软、滑、韧、爽、鲜。

笋粄，按我的粗浅认识，应属于体形偏大的北方饺子。只不过，在进入客家美食序列之后，由表及里都根据南方山区特色而进行了改良。于是我又想，当年客家人的祖先因战乱而向南迁徙时，其留在中原的亲人所送出的"等路"，会不会就是一些饺子？

毋忘祖先，毋忘传统，这个"等路"很重要。

客家笋粄（茉莉摄）

辛勤的使者

客家民系从中原走来，从农业文明里走来，粄是其中的活跃见证者，亦是积极参与者。一年四季，祈年、祭礼、敬神、畏鬼、辟邪、许愿，在各种传统节日与岁时活动中，粄均是不可缺少的辛勤使者。

任职于中国客家博物馆的王秋珺女士，对粄在

过年的气氛，少不了粄的活跃身姿（何方摄）

客家民俗中的角色关系研究较多。她向我陈述了一个关于忆子粄的故事：相传在明朝，大埔茶阳乡下有个寡妇叫松婶，一直与儿子阿根相依为命。但男儿志在四方，阿根长到18岁就参了军，随郑成功到台湾去了。送儿远去的那年中秋，松婶在家又做起儿子最爱吃的一种

糟麻粄（茉莉摄）

　粗粮杂粮，有时还要加点中草药，由此构成了粄的"百变面孔"。

粄，用糯米粉做成粄皮，把猪肉、鱿鱼、冬菇都剁碎，加上虾米、蒜白、豆干粒等做成馅，用蕉叶裹好了放在灶头上蒸。是晚对月洒泪，她相信儿子能感受到家中的粄香味，更祈求儿子此行平安。之后，松婶每逢中秋都要做粄赏月，但思儿心切，年年所盼望的都是儿子早日归家。一年又一年，她足足等了30个中秋，等到满头白发，才等到阿根的归来。当阿根又尝到自小就十分熟悉的粄食味道，听邻里说起母亲30年如一日的做粄情境，泪水不知挥洒了多少。松婶忆子的故事在四乡传扬，这种特殊的粄食从此有了个牵肠挂肚的名字叫忆子粄。以后一到中秋，大埔人家都会围坐一起吃忆子粄。

　　王秋珺向我强调，遇上其他节日，其实都有相应的粄食与之配套。要过年了，甜粄是必须要有的。"爱食甜粄先熬糖，爱食豆腐先磨浆"，客家山歌已在叮嘱，做甜粄要记得放糖，而且还不能放不够。客家人做菜，油要多放、盐也宁多勿少。这甜粄更是重点突出一个字——甜！吃着香甜可口的粄，常忆曾经经历的苦难生活，客家人就是这么励志。

干艾草

山水间的迎亲（何方摄）

喜庆的客家发粄（茉莉摄）

做甜粄的主要原料，就是糯米粉了。对于广州出生、广州长大的我来说，一旦见到尝到"久闻大名，如雷贯耳"的甜粄的时候，不禁瞪大了双眼——这与自小吃惯了的广州年糕似乎没什么差别啊！本来嘛，客家人就爱笼而统之，把糕点类食品都收编到粄的王国里来。

客家山歌还唱道："妇人转外家，甜粄用油煎。"甜粄煎好后要趁热吃，轻咬一小口，那种外脆内糯的香甜口感，叫人愈吃愈想吃。我还发现，春节过去好久了，那甜粄还在客家人的家里留着，甚至因存放时间太长而表面长出了一层薄薄的白毛。但客家人告诉我："没关系的，用刀削掉外皮煎香了还能继续吃。"其实，家里留着过年时的甜粄，原是有特殊用途的。

每年农历正月二十，是传说中的"天穿日"。按旧时客家民俗，甜粄这时用以"补天穿"。"天穿日"又叫"补天节"，源于女娲补天的神话故事。客家人为女娲的精神所感动，矢志于继承女娲的事业。具体怎么补？当天一大早，当家的主妇一大早就要生炉火煎甜粄，煎好后取一些抹到厨房、卧室等的墙壁缝隙处，这才可以保佑在新的一年里风调雨顺、五谷丰登、合家和睦。

年过完了，"天穿"补住，其他的粄食角色又次第登场。到了清明，客家人会用苎麻叶、艾草等做成清明粄，寓意清明要"吃青"，同时用它来祭祖或上坟。梅县乡下过乞巧节时，则要采摘鸡屎藤、白头翁、苍耳草、山苍树等草药做成复杂的七药粄，诸如此类。而大埔一带在祭祖和敬神时，会专门做一种丁子粄，顾名思义，这款红色粄食为的是祈求家庭幸福、人丁兴旺。

白头翁

王秋珺在向我介绍这些与节日、岁时有关的粄食时，提醒我注意其制作原料。她介绍道，除了大米和糯米外，更多是用木薯、芋头、高粱等粗粮杂粮做成，多为旧时穷苦人家所食用。哪怕是在食不果腹的穷困日子，为做出口感好的食物，客家人充分发挥创造力，各种香甜可口的粄食便应运而生了。可以这么说，粄的演变史也是客家人生产生活的进程史，如今粄虽已不是主食，但还是要让粄成为代表客家特色的风味小吃，成为岁时献祭神灵、实现神人相通的主要角色。

笑粄（茉莉摄）

角色使然，我发现，粄食一般颇为讲究"出场形象"。发粄给我留下的印象最深。它，有如盛放的花朵，又如灿烂的笑颜，还有个好听的名字叫"蒸笑粄"。梅州山区平时的祭祖和敬神以及喜庆活动，它出现的机会总是很多。因所出现场合的不同，它还会分别展露不同的姿色：放白糖制作时是白色，放了黄糖则是黄褐色了。也由于发粄常要在喜庆场合抛头露面的缘故，客家人在做粄时最多加上的是食用红曲，使之呈现胭脂红的喜气色彩，从而符合喜洋洋的角色身份，难怪有人叫它"红粄"。

有"红粄"，就有黄粄。在蕉岭、平远一带，客家人有一项重要的祭神活动叫"打醮"，这时所用的就是黄粄，谓之"打醮连过节"。顾名思义，黄粄就是黄颜色的粄，完全是一种俊朗小生的扮相。中看还要中吃，据介绍，黄粄具有健脾消食的作用，吃法多种多样，可切成小块，洒上一些白糖吃；也可用葱、姜、香菇、盐等配料制成香气扑鼻的酱料，用黄粄蘸这酱料吃。黄粄还可炒着吃、煎着吃，或放汤里煮着吃。当我真了解了它的整个制作过程，更为客家人对待粄食的十分用心佩服不已。

"打醮"是一种祈神酬恩的民间祀典活动，客家人则会通过粄食来实现个中诉求。

炒黄粄（茉莉摄）

街头的民宅和街道，折射着客家人的朴实（冼励强摄）

张弼士故居（冼励强摄）

每到冬至前后，村民们便会上山找寻一些黄粄树枝，砍回来烧成灰，用干净的布把这种树枝灰包好放在桶中用水泡，制成浸米用的一种带特殊植物味的灰水。做黄粄所用米的叫作禾米，又称旱米，一年一造，特别香软。禾米洗净后放入树枝灰水中浸泡数小时，淘净、晾干后放入饭甑（一种蒸米饭用的特别炊具）里蒸，其过程中间还要不断加入灰水并搅拌均匀。在把米饭蒸透后放入碓，舂成糊状，置于案板上搓成被子模样，用刀切成一块块，再用手揉成长条。浸浸泡泡煮煮蒸蒸搓搓揉揉……这黄粄，终于成为成品了。

纵览以上制作过程，你会不会觉得很烦琐？走进这粄的王国，我却深深为客家人对待粄的认真态度而感慨。此乃专门与神灵打交道的粄食，靠着它，才与祖宗传承的民间文化一脉维系着种种联系，不虔诚对待又怎么行呢？

一个"精"字，尽显风流

天下粄食数梅州，梅州粄食数大埔。我曾问一位在广州经商的大埔人："大埔的粄食，您是不是全都吃过？"

学者爱得尔在专著《客家历史纲要》里，给客家妇女下了个"70%"的定义：

"客家人是刚柔相济、既刚毅又仁爱的民族，而客家妇女，更是中国最优秀的劳动妇女的典型……客家民族是牛乳上的乳酪，这光辉，至少有百分之七十是应该属于客家妇女的。"

老鼠粄

"可能吗？"人称赵哥的这位大埔人抿了抿嘴。

我又追问："大埔到底有多少种类的粄？有没有一个统计出来的数字？几十？上百？"

"两百种以上，只会更多，总之是数不过来。"赵哥如实回答。

哪怕你就生活在客家山区，要寻遍、吃遍所有的粄食，都是不可能的事。有些粄问世后，也许一直在等待你的寻觅。你众里寻它千百度，它却等到黄花菜都凉了，最终悄然消逝在山间。

觅食要趁早。像我这样生活和工作在大城市，这次要不是揣着个书稿设想，但求取得"靠山吃山"真经，平时恐怕连粄的身影都不容易见着。当然了，现在的客家菜要在广州立足，偶尔也有些许粄食会在客家餐馆登台亮相。受赵哥之邀，我来到大埔县驻广州办事处的一处小空间，品尝到由大埔厨师所做的两款粄食。

它的名字不太好听，居然叫老鼠粄。平常我听到老鼠二字，马上退避三尺，现在听说拿来做粄吃，那还怎么得了？知道看见了已端上桌面的碗中物，不就是放在汤里的一小段一小段的米粉嘛！但仔细看了，那米粉形状，颇像一小截一小截的白老鼠尾巴。之前也有人倡议改个文雅些的名字，遂有"珍珠粄"名字的出现，但叫着叫着总觉得像变了风味，不是原来所宠爱的食品了。渐渐，老鼠粄名字又风靡各个村镇。

此刻我尝老鼠粄，口感上爽而不硬、滑而不绵，嚼起来还稍有些韧性。据介绍，制作时要选用山区田里所种植的粳米，磨前要用山泉水浸透，这样才能保证磨出的米浆够幼嫩。难怪在城里吃不到。可我现在又确实是在广州接触这尤物的，怎么解释？主人说，粳米、山泉水都是从山区老家运过来的，要吃出真味，辛苦些也值。而一碗澄黄浓郁的鸡汤底或是猪肉清汤底，更是老鼠粄好吃的精髓所在。当然了，此时我吃到的老鼠粄肯定不是最好的，最好的还是要跑到大埔山区去吃，就着那山风、山色，吃出些山里的味道。

我在大埔这处客家私房菜所尝到的第二款粄食，人们在称呼它时都省略了"粄"字，就叫它"算盘子"。老鼠粄形似老鼠尾，算盘子当然也长成一个算盘子模样，像极了我学珠算时心里想着"三下五除二"、手里噼里啪啦拨的那种珠子。现在摆我面前的一粒粒算盘珠子，还拌有猪肉末、鱿鱼丝、虾仁、葱花等。嚼起来弹牙兼具韧性，犹如嚼一颗大大的橡皮糖，当然这是咸香的粄而非糖。

客家人认为：吃过算盘子，做人就会精打细算。

正是在这韧性咀嚼中，佐料的肉香伴随着特殊的淀粉香，已令我的味蕾达到很过瘾的香滑享受。

我听到一个故事，认为算盘子本为宫廷菜，流落民间而已。传说当年乾隆皇帝微服出巡时爱上了芋头，回宫后命地方上贡大

算盘子（御信客家王提供）

酿粄

客家人怎样过年（之二）

　　年初二，出嫁女归宁日，俗称'转妹家'。年初三，穷鬼日，早起将垃圾送于郊野并烧香纸祝祷。年初五，灶神回家日，以牲礼果品、粄食敬奉灶神。初七，人日，食"七样菜"。

量芋头，并交给御厨打理。为了做出新花样，御厨绞尽脑汁，把芋头磨粉后混合木薯粉，加开水拌匀揉成粉团，再搓成圆粒，用手指按成两面凹的扁圆形再烹制而成。后来，乾隆皇帝身边一位任按察使的大埔百侯镇人告老还乡，便对这款皇家食品一路传承，以芋头仔蓉与木薯粉按一定比例制成，用水焯熟后再加各种调味料去炒。

　　不过，按旅行美食家曾敏儿的探究，算盘子应是土生土长的大埔美食，哪怕有源自宫廷的说法，亦是大埔籍厨师的杰作。她表示，过去的客家娘子既要下地干活，又要负责全家人的饮食，而客家山区的物产品种较少，日子就非常艰苦。在那个物资匮乏的年代里，客家娘子们练就了一身点石成金的本领，在各种粗粮中想尽办法、变着花样让家里餐桌更有凝聚力。算盘子的发明，就是其本领所展示的一种极致。

　　都说客家菜是"精菜粗做"，恰恰在诸多粄食的制作过程中，又是"粗粮精做"的。有如我前面说到的黄粄，又如我现在吃到的老鼠粄和算盘子，都是这个"精"字的形象体现。

　　然则，这些粄食的形状各异，又是为什么呢？比如算盘子，为什么要做成算盘子的样子？难道是"吃过后变得精打细算，年年有余钱算""算了今年算明年，年年都有好打算"，诸如此类？但凡广东美食，不乏美好寓意。当然也不只这个，有些文化烙印，还是值得好好发掘。

　　究其实，客家民系是个会算数、懂数目的民系，以至于涌现出"客商"这么一个特殊的商人群体。且看其中的佼佼者——

曾任"东万律"，即今印度尼西亚加里曼丹"大唐总长"的梅县人罗芳伯；

吉隆坡的开埠功臣，曾任当地甲必丹（首领）的惠阳人叶德来；

近代民族工业的先驱者，中国葡萄酒制造业的创始人，大埔人张弼士；

著名侨领，曾任印度尼西亚甲必丹的梅县人张榕轩、张耀轩兄弟；

著名侨领，马来西亚中华商会的创始人，平远人姚德胜；

著名侨领，曾任美国檀香山商会会长，五华人钟木贤⋯⋯

不逐一列举了。闻名遐迩的这些客商，足迹遍天下。说到今天，还有大家耳熟能详的爱国实业家曾宪梓、田家炳等等。

"客商"穿州过省，四海为商，"有太阳的地方就有客家人"，是有其客观原因的。客家人在长年的迁徙中，一般只能选择偏僻的山区定居。山区土地贫瘠，资源有限，随着族群的繁衍，人口越来越多，脆弱的农业经济不能支撑其生存。读书入仕和出外经商，成为客家人谋生的两种必然手段——不入省城，就下南洋。思绪至此，我想我已明白，客家人在饮食之中，那算盘子板中蕴含的深意所在。

一个"精"字，尽显风流；精算背后，体现精明。这就是客家板，这就是客家人。

每个成功的客商，肠胃里都残存着家乡粮食的亲切记忆。

堡垒式的客家民居（冼励强摄

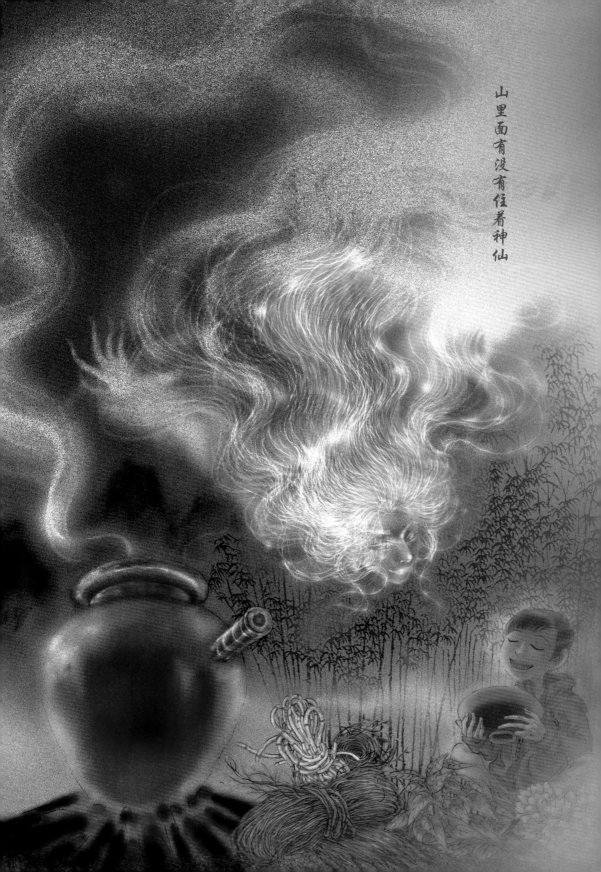

山里面有没有住着神仙

肆

药食篇

山里面有没有住着神仙

> "没有人能告诉我，山里面有没有住着神仙⋯⋯"

人们睁开眼睛来到世界，张开耳朵倾听世界，总是从童话开始。通过思绪万千的歌声，人们时不时会回忆，由童话世界所构建的童年：

让童话飘一会儿吧，现实世界太严肃、太缺乏想象力，还是最好不要给出否定的答案。客家人很聪明，用一款美食告诉大家：只要你喜欢，神仙随时出现在你身边。客家人甚至常吃、爱吃一种名字就与神仙相伴的粄食：仙人粄。仙人粄的主材料叫仙人草，是来自山野的草药。

"仙"字，已表述了所谓神仙，就是与"山"为伴的"人"，就是"靠山吃山"的人。而"吃山"的过程，往往吃的就是山草药。客家人烹制客家美食，几乎是离不开山草药的，吃吃喝喝常有药。于是，采药用药的客家人生活，亦令人飘飘欲仙；于是，如下唐诗情境就会在与客家人打交道时出现——

松下问童子，言师采药去；

只在此山中，云深不知处。

"仙人"何来

我来到梅州山区，从城市到乡镇，大街小巷、村头路口，到处都能见到卖仙人粄的摊档。走进梅州人的家庭，发现他们都爱做仙人粄来吃。

初尝仙人粄，是在黄遵宪故居门前。当天艳阳高照，口渴了的我，循例想找个"士多"买饮料喝。引路的兴宁小伙阿刚说，客家人解渴都爱"吃

养育客家人的山（冼励强摄）

仙人粄"的。是"吃"？不是"喝"？我正怀疑自己有否听错，便见到一个类似"土多"的小店有卖仙人粄的招贴。

久慕大名，一旦见到真容，我觉得在外观上很接近于以前爱吃的凉粉（用凉粉草做成的消暑食品），也难怪，不少人一直把仙人粄和凉粉混为一谈。有心比较过就知，其中会有很大的差异。就说这口感吧，仙人粄会显得很嫩很滑，有如豆腐花进嘴的感觉一样，在吃的过程中我终于明白"吃""喝"二字原来是可以混为一谈的。事实上，卖仙人粄的阿婶当时就递了根吸管给我，让我直观地认同了"吃"本就离不了"喝"。

后来我渐渐发现，客家人的生活，似乎离不开仙人粄。仙人粄也属于粄的一种，本该和其他粄食一起介绍的。但由于它太另类，另类得有些仙风道骨、特立独行，故还是放在这山草药里来。它既不是主食也不是菜肴，甚至连小食都算不上，充其量只属于饮料范畴。"仙人粄"这个名字，是强调它兼顾了治病的神仙功能，还是形容其口感属于神仙口味？吃仙人粄，按我的感觉，是会上瘾的。尽管它本身没啥味道，要靠放蜂蜜或是红糖液辅助着吃。

仙人粄的得名，缘于仙人草。之所以赋予"仙人"名字，有人说，由于只需用少量的仙人草，就可以做出比仙人草重量多十几倍的粄来，有如仙术一般神奇。未成粄的仙人草，晒干后呈黑色模样。干仙人草可长期保存，放的时间越长，药用功效越好。据介绍，它实际上是一

仙人粄（茉莉摄）

仙人粄太另类，另类得有些仙风道骨、特立独行。

鲜艾草

清蒸艾丸（茉莉摄）

艾以叶入药，性温、味苦、无毒，纯阳之性，通十二经，具有理气血、逐湿寒、止血安胎、回阳等功效，亦常用于艾灸，故又被称为"医草"。客家人爱以艾入菜，有"客家母亲草"说法。

种唇形科草本植物，长到1米高左右，就可整株拔起晒了做粄吃。又据介绍，它主要有止渴、解暑、生津功效，对感冒、中暑、高血压、风湿关节炎、急性肾炎、糖尿病等都有一定疗效。但我相信，人们爱吃它，主要还是缘于那特别舒服的口感。

查典籍，清朝光绪年间的《嘉应州志》中对仙人粄有这样的记述："山人种之连亩，当暑售之。今俗名'仙人草'。熬汁凝为冻，曰'仙人半半'。和面粉，非和米粉。以止渴解暑，非以止饥。夏日，市头村路遍售之。"由此观之，仙人粄更属于客家人在寒暑易节中，应对大自然变易的一种必然招数。

在与客家人的接触中我发现，会做仙人粄，是客家主妇的一种"应知""应会"。其制作手法是有一定讲究的，要保证仙人草的充足的熬煮时间。做得好时，其软滑程度要用手捧才拿得起，柔韧到要用刀才能割得碎，入口有一定的嚼头。我发现，客家人割开这仙人粄时，一般会用竹刀，只为保持由始到终的原生态味道。

我听说，客家民系做仙人粄、吃仙人粄的历史很长很长。有人认为，可一路向上追溯到两晋时的第一次南迁；也有人介绍，其实早在远古就有了，伴随着那个"羿射九日"的故事。传说后羿为造福人民，射掉九个太阳后又去王母娘娘那里取得不死药，本打算选拔千名童男童女组成寻药队伍，再图善举。没有想到，仙药却被妻子偷吃，飞到月宫当嫦娥去了。家庭将招致破碎，自是怨声载道。后来后羿突然觉悟，明白自己是好心办了坏事，不久后抑郁而死。

就这样倾听着射日英雄的神话，我接受了如下说法：为纪念后羿生前的种种好处，人们选一块近水的坡地安葬了这位射日功臣。慢慢地，后羿的坟头长起一种小草，有中暑者得到后羿的托梦，用这草煮水喝，其暑毒立解。这神奇的草从此就被叫作仙人草，继续为老百姓履行防暑降温的神圣使命。这个结果，可谓皆大欢喜。

坟头长出仙人草的传说还蕴含着另一层意思：源自远古的中原文化，随客家人的一路南迁，被有吃有喝的生活方式牢牢传承下来了。

谈情说"艾"

那天我来到梅州雁鸣湖风景区，听说来这里的人爱做两件事，一是"带个小蜜回家"，二是"将爱情进行到底"。作为大男人的我，虽说心底隐隐有一种由荷尔蒙激发的想犯错冲动，但还是要马上表明心迹："养小蜜不敢，和老婆大人把爱情进行到底，确属人生最浪漫的事。"

当地人笑了，"小蜜"是因这里盛产蜜柚，"爱情"其实是"艾情"。

"艾情"的主角是艾草，是一种多年生草本植物，是客家人特别钟爱的食物。对于艾草，客家人还有一种说法，叫"客家母亲草"，被广泛运用于食疗和理疗当中。我的"艾情"知识贫乏，于是查阅了一下书本。按《本草纲目》所记，艾以叶入药，性微温、味苦、无毒，可通十二经，具有温阳、逐湿寒、止

无论哪家冠以客家之名的饭店，都少不了艾糍这道主食。艾叶煮过揉碎和入糯米粉即成外衣；炒花生碎、白芝麻、赤砂糖拌匀即成馅，可蒸可煮可炸，老人孩子都爱吃。

乡下手工艾糍（御信客家王提供）

血安胎、止泻止痢等功效，它亦常用于灸法，故又被称为"医草"。

不查不知道，原来亚圣孟夫子也是个懂"艾情"之人，其弟子在整理《孟子》一书时，记下他对"求三年之艾"做法的质疑，意思是使用三年的陈艾草也治不了已经得了七年的病。但若解读为"食色，性也"之念想，亦说得通，因为"艾情"在古人心目中亦关色情事。《国语·晋语》记有"国君好艾"，《桃花扇》亦有"积得些金帛，娶了些娇艾"，句子中的"艾"指的就是色情中人。色能起到与艾草一样的养生作用，信不信由你。

这样读着读着，我想我是真不懂"艾情"了，只能向嗜爱吃艾的客家人多多求教。之前，涉艾食品我只吃

艾草3月萌发，4月下旬收第一茬。每当端午，中国人都有"悬艾"的习惯，以防蚊虫、避邪。

土鸡煮艾叶（茉莉摄）

过艾糍，糯米粉与艾草混和一起所做，其馅一般用碾碎了的炒花生、炒芝麻加上白糖，妙在香甜无比且有嚼头。殊不料，雁鸣湖的主人却为先前的推荐致歉。原来，艾是一种季节性极强的植物，虽说平常也常绿，但每当春风春雨飘洒时才是最好的尝鲜时分，而我是迎着秋日艳阳来的客家山区，只能抱憾而归期待春天再来。

香艾煎鸡蛋（茉莉摄）

苍天不负有心人，返广州后我认识了笔名茉莉的职业"吃货"，她天性中对味道有着敏锐感觉。知我有了"艾情"，便通过微博展示了一款"土鸡煮艾叶"。材料有新鲜艾叶和土鸡。做法也不难，先将鸡切块，放到锅里用油煎香，再加入冷水煮15分钟制作成鸡汤；在另外一个锅内，将洗干净的艾叶放到热水中快速焯后捞起；将焯好的艾叶放到鸡汤里煮4分钟左右，再加盐调味即可。末了，她又发帖补充道："如果有娘酒的也可加进去哦，秋冬时节女性食用最养身。"

与茉莉再次接触，又着力向我推荐名为"香艾煎鸡蛋"的菜式。据她说，鸡蛋与艾草是最佳拍档，有营养且互相包容，两者结合更能提升对方品质。听来有趣，其做法如下：新鲜艾叶洗净，放油盐水中焯过，置冰水中浸过（目的是使艾叶呈现绿色）；然后就该放农家土鸡蛋进镬下油慢火去煎了，至七八成熟时放入艾叶，煎熟后切成菱形或三角形上碟。此番网络交流，虽只是隔空谈吃、

十大客家健康美食

2012 年 11 月，梅州市旅游局、梅州日报社、梅州市餐饮协会共同举办了"十大客家健康美食"评选活动。结果揭晓，评出的健康美食为：盐焗鸡、梅菜扣肉、酿豆腐、三及第汤、腌面、五香干卤鸭、姜糟焖狗爪豆、醋溜鱼、清汤双丸、萝卜丸。

艾丸拼萝卜丸（茉莉摄）

艾味说穿了就是春天的味道，最宜春风春雨飘洒时一尝其鲜。

画饼之举，我感觉口腔已有艾味的唾液流出。

"艾味其实是苦味，这种舌尖上的最初的苦，也是五味之一，"茉莉继续介绍道，"艾的食品，非常丰富，除了大家熟知的艾糍，还有艾饺、艾粄、艾炒饭、艾肉丸、艾煮酒、艾煮红糖……针对不同的受众，可变换不同的食法，就算是小孩，因为多数喜欢吃甜食，也会被大人哄着，或许开始是不情愿吃，再回味就会迷上这回甘的好味道。"

这厢频繁向茉莉讨教，那厢又接到雁鸣湖风景区发来的E-mail。读罢，终于知道"将艾情进行到底"是怎么一回事了。E-mail的内容是一份菜谱，却更像艾的密码，如果不是连着括弧内的内容看，不知读者你是否能猜出是什么菜？请看——

"艾情海（艾根炖水鸭）、艾丽丝（艾叶煎虾盒）、艾情缘（艾丸拼萝卜丸）、艾春情（艾叶煮荷包蛋）、艾满天下（鲍汁野菜丸）、艾情鱼（艾叶蒸青草鱼）、艾情种（菌王艾卷）、艾情汤（艾根煲血骨）、艾青春（上汤艾叶）、艾富裕（艾香麻婆豆腐）、艾旺财（艾叶狗肉）、艾三鲜（艾叶煮三及第）、艾在心里（艾香包）、艾圆美（艾煎丸）……"

请注意，这个"艾"，视如"爱"。吃艾食，与爱情会不会发生关系我不知道，爱身体爱健康则是肯定的。上述菜谱中，对各款艾菜还标注了有关食疗功效，有健脾益胃、补益中气、散寒逐瘀、滋补养颜、护肝养气、温经散寒、安神定志、滋阴润燥、清热解毒……具体标签，我就不对号入座贴上去了。都没吃过，不好说啊。等下一个春暖花开的季节，待我逐样品尝了，再详细告诉你。

爱药才会"寿"

走进云雾缭绕的客家山区，说不准，所走过的就是一处长寿村，里边住着不少高寿老人。客家山区其实不乏长寿村，但凡沾上客家人的基因，往往缘系于高寿。其中一个缘故，也许就得归根于客家人生来与中草药的情缘。

客家先民在长期的迁徙流离生活中，途中常会有不适，只能就地取材，间或向当地土著讨教，沿途医治，由此与草药结下不解之缘。闲时给自己祛湿、消炎、清热、解毒，已成生活常态。山区里大量具有药用功效的"树头""草根"之类的植物，许多被纳入了客家食谱，成为厨房储备的重要组成。山草药的入膳、煲汤、调味，自是每天烹饪的寻常事，食用药用两不误。

多少年来居住于大山长谷之间，生存环境比较艰苦，客家人具备了很强的自我保健意识。寻迹梅州大埔人所开的一家小餐馆，我喝过一种味道鲜美的石

闲时给自己煲汤来祛湿、消炎、清热、解毒，已成客家人山居生活的常态。

用山里草药煲出来的汤（御信客家王提供）

排骨

五指毛桃

五指毛桃，又名"南芪"，是岭南常用中草药，其健脾补气之功堪比黄芪，却补而不燥，更适合入汤，煲出的汤有椰奶香味。

皮汤。这石皮，形状和木耳相似，每朵直径在10～20厘米间，正面颜色乌黑，生有细刺茸毛，背面长着一层青苔似的淡绿膜，正中有蒂与寄生的岩石相连。石皮长在悬岩绝壁阴湿处的石隙之中，一般要六七年才能长成。据介绍，石皮营养价值极高，有着滋肾润肺、降火解毒等功效，可以辅助降低血压，是山珍野味的上品。

我所喝到的石皮汤，完整表述应是石皮炖鸡，鸡用的是走地鸡，如果改用瘦肉或排骨也可以，换上老鸽、水鸭、石蛙等亦错不了。如其他客家汤水一样，水是最关键的，必须是从山里运来的山泉水。烹饪石皮有些讲究，首先要将干货放在30～70℃的温水中浸泡七八个小时，待其舒展后再用淘米水轻轻揉搓，将沙与灰尘洗净，再滤干食用。听同去的大埔人段哥介绍，石皮是山菜珍品，以前客家人只有招待贵客才会拿出来，其外观以厚身、均匀者为佳。

有幸充当客家人餐桌上的宾客，喝药肯定就成了必备项目。如果是去河源，那会经常喝到一种用五指毛桃做的汤。五指毛桃是珠江水系干流之一的东江流域山中野生的一种灌木树根，因叶似手掌的五指而得名。自古以来，河源人就有采挖五指毛桃根用来煲老鸡、猪骨、猪脚汤作为保健汤饮用的习惯。听当地人介绍，它对治疗气虚、食欲不振、贫血、胃痛甚至是凝血功能障碍和肿瘤都有很好的食疗作用。

但于我来说，功效倒是其次，好吃好喝才是最要紧的，五指毛桃所溢出的淡淡的椰奶香，正合我意。五指毛桃为河源人所特别喜爱，喝汤常会喝到它，喝酒也会遇到它，至于五指毛桃与鸡的搭配，更是当地人钟爱的佳肴。我见这道菜时，外表与一般蒸好的鸡没什么两样，凑近能闻到鸡香味中捎带的淡香药味。咀嚼此鸡，自是一番好独特的口感。据当地人介绍，做这鸡的点睛处，是五指毛桃浓缩液的制取，用以涂抹鸡身，或蒸或烘的过程中可使之充分入味。

炒山蕨（茉莉摄）

当五指毛桃与鸡一相遇，便胜却人间美味无数。我正陶醉于此时感受，当地人又告诉我，如果用的是七指毛桃，其味道和功效会更佳。还会有七指毛桃？我正在惊讶之余，同伴就告之我，七指毛桃和五指毛桃属于同一种类，因七指毛桃的叶子比五指毛桃多两分叉，故称"七指"。因为七指毛桃只生长在向阳的深山山顶，日照时间极长，故其香味和功效就会比五指毛桃更香更好。但七指毛桃数量极少，采挖极难，所以比较珍贵。

事情就是这样，只要走进客家人家，触目皆为草药。红丝线、鸡骨草、枇杷花、五叶神、鱼腥草、车前草、飞天蜈蚣、棕叶、苎叶、石参、蕨菜、金不换等众多的山草药，构成了其日常生活饮食的方方面面。客家人常用的草药多为草本植物，也有木本、藤本、蕨类、菌类等等。草药多用全草，有的也只用根、叶、皮、茎、花、果或某一部分。

枇杷花（茉莉摄）

擂茶

伍

饮酌篇

开门茶事

梅县的阴那山、清凉山是产茶的好地方

俗话说："开门七件事，柴米油盐酱醋茶。"

俗话还说："开门见山。"

开门见山者，不可能没有茶。茶事是中国人生活中不可缺少的大事，笔者既要追寻客家民系"靠山吃山"的文化之魅，这"开门"之事，又岂能不写？

粤地三分。广府民系的饮茶，其中最有特点的是"一盅两件"。饮茶要讲气氛，所以是要上茶楼饮的，"一盅"（指茶盅，后多被茶壶茶杯取代）在手，伴两件点心，茶客之意往往不在茶，或聊天，或读报，或静思。茶客之意有时又只在满足口腹之欲，以至于拉肠、虾饺、烧卖、凤爪、芋角、咸水角、马蹄糕、萝卜糕、叉烧包、萨其玛、爽口牛丸等大量的广式点心一饮成名，喧宾夺主。

广式早茶

潮汕地区的饮茶特点，最讲"工夫"。光一个冲泡程序，就有如下说法："白鹤沐浴"（洗杯）、"观音入宫"（落茶）、"悬壶高冲"（冲茶）、"春风拂面"（刮泡沫）、"关公巡城"（倒茶）、"韩信点兵"（点茶）。轮到饮茶了，还要细鉴汤色，先嗅其香、后尝其味、边啜边嗅、浅斟细饮。"工夫茶"一说，已表明饮茶过程是非常惬意的享受，以至于现在的广府人，亦爱从中借用几招，闲时自得其乐。

那么，客家人的饮茶又是怎么一回事？

喝一碗有情有义的好茶

一心要寻求客家人饮茶特点的答案，我在微博发了个帖子。希望收集到更一致、更集中的意见。

@芈卤回帖道："儿时的记忆，就一个大茶提（带把的陶罐），装满藤婆茶，用碗喝。"

用碗喝，大碗茶。这是我对客家茶所得到的第一印象。

@一一团长跟帖，说是梅州土妹子、客家男帅哥都说没有喝茶的讲究，感觉就两个字——随便，若三个字就是——猛喝茶。想想也是，以前连吃的都是便宜做法，哪有工夫讲究喝茶。

@万子千红随之介绍："客家茶文化源远流长，茶类有擂茶、米茶、凉茶，有专门的采茶戏采茶歌，以前客家人食茶都是用碗'大碗食茶'，体现客家人大气、豪放、粗犷、实在的性格特征。"

大碗喝，喝得猛。第二印象就两个字：豪气。

@闲农接着补充自己的看法："感觉客家人喝茶就地

客家米茶（茉莉摄）

粤地三分，饮茶特点各有不同。

潮汕工夫茶

取材，从山前屋后采摘的粗生茶叶随意在哪个角落放个七八年就成了陈年有机好茶叶了，随意再用大茶壶泡了喝，解渴提神，是农耕生活必不可少的一个部分。"这与潮州商人喝茶的方式很不一样。

@劳毅波广州大波波插话了，他表示，客家人多饮以绿茶为主的山茶，制茶工艺相对简单，由于他们所居并非富饶之地，所以一般没把太多时间和精力放在茶树种植、茶叶加工和泡茶品茶上。

于是我产生的第三印象，是三个字：随意性。

客家人的饮茶方式，可谓"各处山村各处例"。没有普遍特点，大概便是其最大特点，此心安处便茶香。

为求喝茶真味，我跑到客家山区，在不同场合喝了几回茶。诚如微博回帖之所见，普遍来说，客家人喝绿茶比较多。想到广州人最经典的饮茶是饮早茶，当我来到河源时，马上想到的是，好好对比一下两地之异同。接待我的河源客家文化博物馆馆长刘东斌笑而不语，认为我应实地考察之后再说话。他为此连轴转地带我去了几个地方，见识当地的早餐习惯。无一例外，都不见有茶壶茶盅之类。

"河源客家人既不饮早茶，也不饮夜茶。"刘东斌告诉我，"他们是随时随地喝，坐下就喝，想喝就喝。"我随他来到地处新丰江畔的河源客家文化博物馆，在天台一角泡了茶来喝。此刻我正喝的，是武顿山红茶，顾名思义，此茶产自河源的山里。

刘东斌表示，客家人喝茶一是随意、二是率性，或红茶或绿茶，拿起什么喝什么。边品茶，他边介绍，其

最好的绿茶似乎都钟爱客家地区，好山好水育好茶。

客家的茶叶（茉莉摄）

实河源比较出名的都是绿茶，当地人比较喜欢喝的绿茶有：仙湖茶、涧头茶、康禾茶。其中康禾茶，是东源县康禾镇的名土特产，有1 000多年的历史了，早在南宋就成为贡品之一，清朝乾隆年间《河源县志·物产卷》有此记载："岭南山地产茶者多，而河邑独盛。上莞、康禾诸约，居人生计，多半赖此……"

客家女子种茶图（盛通科技提供）

转道来到梅州，所见所闻，更是令我眼花缭乱。梅州山系，主要由凤凰山脉、项山山脉和阴那山脉所组成。真真应了"靠山吃山"这话，梅州名茶多以产地命名，而从这些茶的名字中，就能嗅出浓厚的山之味道：梅县——客都金花茶，蕉岭——黄坑茶，五华——天柱山茶，丰顺——马山绿茶，大埔——枫朗西岩茶、湖寮双髻山茶、百侯帽山茶……

梅县的爱茶之人饶延志带我到处转了转。先是到雁南飞茶田景区，说穿了这就是一座茶山，置身山中，瞩目处皆层层叠叠的茶田。我注意到一块大石头上所刻的"雁南飞，茶中情"字样，听饶介绍，客家人沿袭着古来"客来敬茶"的习俗，太爱茶的缘故，就专门开辟了这样一个地方，种茶、观茶、品茶、思茶、爱茶，让到梅州的客人可以全身心地与茶接触。

喝罢雁南飞的清香绿茶，饶延志又引我在雁鸣湖喝

梅县继引进沙田柚成为"金柚之乡"后，又因引种被称为"茶族皇后"的金花茶，已成"金花茶之乡"。

金花茶

金花茶被誉为"植物活化石""植物界大熊猫"和"茶族皇后",是国家一级保护植物之一。亦花亦茶的她,这几年经梅县山区的成功引种,其独特的茶、花一体的香味,已成食界追捧的时尚饮品。

蜜香型的单枞茶。雁鸣湖与雁南飞同处阴那山脉,能种出香味醇永的单枞茶和绿茶。比如我此时正品其香的一种单枞,最早是由五指峰灵光寺的僧人所种。自古名山僧占多,名山气候自宜人,僧人有着得天独厚的好条件,于是种出了不少好茶。只因为僧人打坐时闭目静思,容易瞌睡,饮茶恰恰可以提神益气,有助于修心静思,常年的心静、神静、人静,又增进了他们的健康长寿。僧人嗜茶,因此就种茶、育茶、采茶、制茶,名山所以多名茶。又比如,大埔的枫朗西岩山有座西竺寺,早在1 000多年前,西竺寺僧人便已辟园种茶,款待香客。这款枫朗西岩茶多年来很受爱茶之人的追捧,长期远销南洋各地。

茶在中国,又分红茶、绿茶、黑茶、黄茶、白茶、乌龙茶……不同地方各有各的好茶。茶在广东,最好的绿茶都集中于客家山区。原因无他,未经任何发酵处理的绿茶,其茶味就是原生态的味,就是好山好水孕育出来的味。客家绿茶在古代成为贡品并不奇怪,在今天只成为少数人把玩的珍品也不奇怪。

于客家劳动者来说,茶有"细茶""粗茶"之分。细茶产量不多,那是富家享用之物。而大碗喝粗茶,一样好过瘾。这粗茶,可以是萝卜苗茶,还可以是布荆叶茶、黄皮果树叶茶、拔喱树叶茶,诸如此类,"粗人"喝粗茶,求的是解渴、实用。

在客家山区转悠的我,就是这样随心所欲,认识一种种之前从来没听说过的茶。也学着客家人的心境,随意饮着客家茶。极随缘地,我想到了清朝学者王国维的《人间词话》"古今之成大事业、大学问者，必须过三种境界"。我以为，茶境亦此境。

好山好茶好生活

"昨夜西风凋碧树。独上高楼，望尽天涯路。"此第一境也。当我发帖寻觅对客家人饮茶特点的解读时，我得到了网络上有情有义的诸多帮助，那感觉已是如入茶境。

此时我在想：茶之好坏，在饮茶的心境，在茶中的情谊，也在茶中的茶缘。一杯有情有义的茶，怎么喝都好喝。

古老的证物

恍如时空穿越，一种古老的饮茶方式来到了我身边。

那天在梅州市的客天下景区，我认识了客家擂茶的一位传人，大家都叫他秋歌。为展示和传播这种目前已不多见的饮茶方法，他天天以一种憔悴加专注的神态见人。之所以叫秋歌，是因为他很喜欢唱一些即兴创作的饮茶歌，他所唱的《阿妈的擂茶》曾参与"梅州地区十大金曲"并一举夺得头名。他亦爱穿一身汉服，表演今人看来已显烦琐的擂茶诸步骤，以表明其法传承于古代。

这古代，有多远？秋歌认为，可追溯到人类直立行走、使用工具进行劳动的那个遥远的年代。如果一定要为此设定一个年限，那有可能会是在 10 000 年前。他举起手中的擂棍，认为这就是来自远古的证物。若狩猎，削尖

作者采访秋歌（刘刚摄）

的木棍便是投枪；若碾物，木棍作为臂力的延伸，正好磨茶来喝。木做的擂棍，石做的擂钵，这成了擂茶与远古接轨的重要证物。

秋歌是五华人，每每忆起小时候见家里用这种方式来款待客人，便觉得这是了不起的事情。长大后读书，发现西汉辞赋家王褒在《僮约》中有"客来烹茶"的说法，于是联想到会不会用的就是擂茶。他注意到，在五华、丰顺、揭西、陆河等地的一些村落，每逢有子女出生、满月、参军、考上大学等重要事情，客家人都会用擂茶的一套礼仪性行为，去表达由衷的祝贺。

擂茶更是客家人待客的首选之物。擂茶靠擂，所以需要擂棍和擂钵。要擂茶了，客家人会把仔细保存好的擂棍擂钵先洗干净，然后拿出平时最舍不得吃的细茶——也就是最嫩的芽尖绿茶，还有自家种的大米、花生、芝麻、豆子等粮食材料，再采回最新鲜的野生香料——这包括了生姜、紫苏、薄荷、金银花、迷迭香、小茴香等药材食材。研磨过程，讲究用心，先放茶叶，此为擂茶之基，磨着磨着，便是一屋的茶香。之后依次放入粮食和香料，一边磨一边加入山泉水，这时所散发出的混合香味，绝对吸引着左邻右里来喝茶的脚步。

闻香惜客缘，见者皆有份，来喝擂茶的客人，亦会把自家制作的茶点，比如味酵粄、甜粄、油炸糕、炒花生、盐酥豆之类带来，放置于碗碗碟碟里，整个桌子琳琅满目，大家则一起围着饭桌团团坐。主人亦时常会邀请客人，一起参与擂茶的研磨。饮用擂茶叫"食茶"，食茶要用碗，食前要洗干净。开食时，要先礼敬在座的长者。再食时，

蜂蜜擂茶（茉莉摄）

擂茶必备的擂棍与擂钵（茉莉摄）

主人会把碗洗一遍，再郑重地倒茶端给客人。秋歌边演示边向我介绍擂茶的上述制作过程时，认为待客以礼的仪式感，是最令他萦绕于心的。

秋歌三茶（茉莉摄）

自古以来，因为居住在山里，客家地区一直交通不便。人们出门便要跋山涉水，辛苦劳作之后，喝一碗擂茶，既解渴又充饥，还可以防暑，自是生活的第一选择。有一段时间，秋歌到广西贺州谋生，发现那里的客家村落也都喜欢客家擂茶，保留着手工炙茶、碾茶、煮茶、点茶等古代遗风。也就是在那些日子，他潜心搜集与之有关有历史资料，从而读到源自汉代的一则记载——那是公元 40 年，汉光武帝派伏波将军马援率兵南下，征讨叛乱的交趾群落，部队到了岭南山区，严重的瘴气令将士纷纷染病。危急关头，当地有位客家老太婆献出了一种"三生汤"秘方。马援先是让患病的亲信试了试，结果喝完后马上变得精神抖擞。于是马援下令，众将士都按方配这种"汤"来喝，恢复了生龙活虎状态的一支队伍，打赢了接下来的一场仗。其实这"三生汤"，便是当地对擂茶的另一种叫法。

茶本来就缘系药用，《神农本草经》中早表明："神农尝百草，日遇七十二毒，得茶而解之。"古籍记载，茶包括安神、生津、醒酒、抗衰老、去肥腻、治心痛、

客家擂茶既解渴又解饥，还可防暑，自然是出门人的第一选择。在客家地区饮擂茶往往是见者有份。若有客人来，尤其是女客，则宾主皆在饭桌边团团围坐，邻居主妇亦不邀而至，并携来各种茶点，如炒花生、盐酥豆、橘饼、油炸糕等，都用小碟子装着。整个桌面琳琅满目，异彩纷呈。充分体现出客家人的淳朴善良和热情好客。

擂茶亦茶粥（茉莉摄）

饮用擂茶叫"食茶"，食茶要用碗，食前要洗干净。

治疮瘘等功效，宋朝诗人苏东坡曾吟诗感叹"何须魏帝一丸药，且尽卢仝七碗茶"。秋哥表示，擂茶的好处是能把茶的药用功能发挥到极致，等同于对中药的配方和研磨。听闻，广东省某前领导的母亲以113岁寿终，其长寿的秘诀就是一天喝三次擂茶。茶叶是个好东西，中华民族在明朝之前，茶叶均是研磨后食用，研磨的方法有"擂""碾""磨"三种，这样，茶叶内营养物质的利用率达到90%以上，而明清以后的泡饮方式仅能利用15%左右的可溶性物质。谈论着打捞茶史资料的所得所思，秋歌一时兴起，非常熟练地朗诵起一首诗——

当昼暑气盛，鸟雀静不飞。

念君高梧阴，复解山中衣。

数片远云度，曾不避炎晖。

淹留膳茗粥，共我饭蕨薇。

敝庐既不远，日暮徐徐归。

秋歌解释道，诗是唐代诗人储光羲所写，诗中的"茗粥"就是擂茶。他表示，于此可见擂茶由来久远，《晋书》亦有记"吴人采茶煮之，曰茗粥"呢。随着时间的流逝，擂茶却只在客家山区的部分山村保留了下来，眼看已成稀罕事，秋歌说，自受邀来到客天下景区展示并传承擂茶文化，很有一种使命在身的感觉。当然，他希望有更多的同道者，一起为完全可以申遗的客家擂茶鼓与呼。

过程烦琐的擂茶，在当今社会真的不合时宜了吗？

秋歌在想，其实这一技艺的十分精彩，正在于其间的"烦琐"。他曾经听人说起日本茶道在推崇礼仪上的如何精彩，便立马反驳道："知道我们的客家擂茶吗？比日本茶道早得多！"这已经是发生过好几回的事了。据他观察，日本茶道饮的是沫茶，那属于产业化生产的产物；而客家擂茶则崇尚新茶活水，步步显示其古朴天然神韵。

但接下来的事实却是，日本茶道在世界范围已广为人知，客家擂茶哪怕是在客家地区亦已不是经常能见到。据传，茶叶作为大唐的尊贵礼物传到日本，日本武士受赐举行了隆重的品茶仪式，茶只泡了一碗，每人只能轻抿一小口。轮到最后一位武士，他却发现碗里的茶已被喝光了，太没面子了！这武士长叹一声，立刻拔剑出鞘，当场剖腹自杀。秋歌说，这个传说传到他耳边时，更多是被那种较真精神所折服。

应该承认，与日本现行的有着从茶种、制茶、茶具、茶水到泡茶手法等一整套行为规范的茶道相比较，今人能看到的客家擂茶的确显得仪式感不够强；也应该承认，凝聚着中国人饮茶悠久历史的礼仪传承的客家擂茶，于今仍顽强地活下来，其过程本身也完全在于较真。

"衣带渐宽终不悔，为伊消得人憔悴。"此《人间词话》之第二境也。当接触到客家擂茶时，我想我对客家人喝茶的了解，已有渐入此境的认识。

潮汕地区的工夫茶，光是冲泡就讲究如下程序：白鹤沐浴（洗杯）、观音入宫（落茶）、悬壶高冲（冲茶）、春风拂面（刮泡沫）、关公巡城（倒茶）、韩信点兵（点茶）。如此"工夫"，堪比茶道。

条条道路有茶亭

客家茶亭多建于村口、桥头、渡口，专供行人歇足、饮茶、遮光、避雨。它的价值在为民众谋福祉，在于济世助人的功德心。相传，客家茶亭是传承"方婆遗风"的产物。方婆是五代时期江西婺源的一个老妇，为人慈善，在路边亭里供茶，凡穷儒肩夫分文不取。来茶亭喝茶的主要是出卖体力为生的下层百姓。喝茶的器具是大粗瓷碗或竹筒碗、木碗。

茶里乾坤大

也许，世间上会有两种茶，一种是"柴米油盐酱醋茶"的茶，另一种是"琴棋书画诗酒茶"的茶。茶可以是人在口渴时的及时水，一大口下肚，重要的是润喉爽心；茶亦可以是静心怡情的慢生活，在接受中华民族文化多年积淀下来的茶礼茶境的过程中，可品闲庭花落，可感云淡风轻。

在客家山区一路品茶，接下来还会有值得惊讶地发现。此刻，我随友人驱车行于在梅县松口镇的山道上，沿途总能见到造型各异的亭子。

"这是茶亭，梅州山区的一道风景。"同车的梅县人陈善宝告诉我，"客家人有此一说'一重山，一丛人，条条道路有茶亭'。"

走过漫长的岁月，客家地区普遍交通不便，人们多以肩挑步行为主。于是，这些茶亭就起着让路人歇个脚、避个雨、喝口茶的作用。茶亭因需而建，或建在村口、桥头、渡口等过往行人较多的地方，或筑于山顶、山腰、荒村僻径等难于取水的地方。这些客家山区特有的茶亭，建筑形式多种多样，有四角亭、六角亭、八角亭、圆顶亭等不同形态，少有飞檐斗拱、描金画凤，建筑风格上一般显得粗犷、质朴，与弯弯山道构成一个动静皆宜的组合。亭内则垒起半尺高的平台，不少还设有石桌石凳。据说有些功能好的茶亭，里边还设置有厨房和厢房。

顾名思义，茶亭的主要功用，就是供人喝茶。欲细品好茶茶香的附庸风雅者，则还是不要到茶亭里来。消暑解渴，才是茶亭设置的第一要义。故此，茶亭里往往会放有可容纳几十公斤水的大木桶或大瓦缸，以及带柄竹筒、葫芦壳之类的盛水器具，供有需要者实行自助服务。在茶亭里，人们喝茶的器皿，一般用的是大粗瓷碗，或是用木碗或竹筒，这样喝起来才够爽！

话说穿了，茶亭归根到底又是一种文化。且看茶亭的门楣，上面一般都雕有寓意深远的亭名，比如这些：敬宗亭、福星亭、风腋亭、清风亭、御风亭、望梅亭、望江亭、襟江亭、观瀑亭、观澜亭、安济亭、甘饮亭、翼然亭、百寿亭、挹薰亭、耸翠亭等等。门楣两边是楹联，有的亭内还有诗画、警句、笑话等，路人在生理解渴的同时，也获得了精神解渴的附加值服务。

茶亭何来？就像旧时客家地区的修路筑桥一样，都是积德行善、庇护世人的义举。只要有人牵头，大家就会有钱出钱、有力出力，很快把茶亭建成。在梅县松口镇仙口村至隆文镇坑美村，全长8千米的山道，就建有8个茶亭。其中5千米长的上坡路段，5座茶亭全出自一人之捐资。她没有留下名字，大家都称这个建茶亭的热心者为李氏，后来又全都改称她为"百岁婆"。

旧时重男轻女，李氏在族谱只留下一个随父姓的记载。嫁作仙口村媳妇的她，家境贫困，为谋生常要沿山路挑盐到蕉岭县的高思墟去卖。那时山道上还没有茶亭，暑气太重时只能躲在道旁的大树底下乘凉，遇上下雨就不好办了。有一次李氏与几位挑盐妇女又汗流浃背在爬坡，天气说变就变，大家都被暴雨浇得湿了个透。李氏于是对雨发誓："他日我要是发了财，就在这里建茶亭！而且是多建几个！"

客家人以茶待客之风俗很盛行，再穷的人家也会一年四季常备茶叶。遇上客人，一定会邀请别人说："走，食杯茶来。"到别人家作客，若连茶都没有泡一壶，那就会怪罪很深："茶都冇食！"还有谁愿意上他家去？没茶都没人情味了。客家还有句谚语："午时茶好做药"，"午时茶"指的是每年端午节那天中午上山采的茶，客家人相信，喝了午时茶可以消除百病。

建筑在山里的客家民居（茉莉摄）

客家人把茶事发展到采茶戏，充满情趣和艺术。赣南采茶戏《姐妹摘茶》和《送哥卖茶》传入粤东后，产生了以《姑嫂摘茶》和《张三郎卖茶》为代表的梅州采茶戏。采茶戏进入粤北，与当地其他民间灯彩结合，进而形成一种"龙凤茶花灯"，所演剧目有《姐妹采茶》和《夫妻采茶》。

凭着勤劳和毅力，李氏与梁姓丈夫从挑盐卖起家，先是挑成了小盐贩，慢慢就做成了远近有名的盐商。手上有了足够的钱，她兑现了当日的诺言，年轻时走过的挑盐路上先后筑起了5座造福路人的漂亮茶亭。积德行善，一定增寿，李氏101岁时仙逝，后人于是称她为"百岁婆"。据梅州市客家研究会梁德新的查阅，此事载于《梁氏仙口村大夫第家谱》，上面记有李氏辞世于清朝同治十一年（1873）。

爱茶的中国人，无论属于哪个民系，总爱建构一个特定的饮茶氛围，比如茶馆、茶室、茶楼之类。于客家民系而言，茶亭之特点，更在于其济世助人的公德心。渴时一滴如甘露，在人们最需要它的时候，它正张开温暖有爱的双手在前方等待。总有一种力量会让人们感动，茶亭所带出缘系传统文化一脉的积德行善，应该就是这样一种力量。

如果说，茶亭建筑属于客家人爱茶的最显个性的硬件，其亭名、楹联等文化内容属于软件，那么采茶歌、采茶舞、采茶戏等更属于客家茶文化所独有的软内容。属于地方戏曲剧种的采茶戏，上演着《姐妹摘茶》《逗哥卖茶》《茶篮灯》等在古代民间歌舞基础上发展起来的"正本戏"，亦形成了《正采茶》《倒采茶》《十二月采茶》等曲牌唱腔。有客家山村流

雁南飞茶场（茉莉摄）

行"有钱去采茶，有钱买笠女麻"的俗语，说的是当地青年赶圩为看采茶戏，把身上原准备买竹笠的钱全给采茶艺人了。

"宁可一日无粮，不可一日无茶"，茶其实已深深地融入了客家人的生活，客来敬茶、以茶联谊、以茶代酒。在客家人的词汇里，于是又有了不少

欲把擂茶比茶道

"茶语"。嘉应学院教授温昌衍在《客家方言》一书中记录道，关于茶叶的名称就有：茶米（加工了的茶叶）、赤汤茶（泛指红茶）、青汤茶（绿茶）、老茶（年代久远的茶叶）、细茶（精制的茶叶）、粗茶（粗制的质量差的茶）、头缸茶（春天摘的第一批茶叶）、茶青（鲜茶叶）等。另外，按温昌衍的探究，还有许多有意思的"茶语"请人喝茶叫"请食茶"，杯里喝剩的茶叫"茶迹""茶脚"，附在茶具上黄褐色的物质叫"茶膏"，空腹喝茶导致头晕、呕吐叫"打茶醉"，对隔夜茶的毒性用"隔夜茶，毒过茶"去说明，茶瘾很大、经常喝茶的人则称之为"茶脚"，诸如此类。

茶里乾坤大，客家日月长。不知还有哪个民系，能像客家民系这样，保存着如此丰富、多彩、完整的茶文化元素？

欲了解中华民族源远流长的饮茶文化，研究客家人的饮茶其实最靠谱。"众里寻他千百度，蓦然回首，那人却在灯火阑珊处。"此第三境也，信然。

如读《人间词话》，客家茶也可以让人读出"饮茶三境"。

与山共醉

山是天地钟秀交会之处，山水一相逢便酿出美酒无数。天赐好水，余下的就看各自酿酒品酒的修行了。

客家山水有多好？且看客家山区流传的一个传说：某一年皇帝选妃，派特使到山区某小镇，惹得周围百姓都来看热闹。人头涌动之际，一位相貌较丑的客家妹子不慎踩了别人一脚，责骂声中不小心就被挤到了水里。奇怪的是，当妹子被人们救上岸后，竟出落得如同出水芙蓉一般，娉婷可人。"就选她！"说时迟那时快，选妃官员已是赶紧发话。

山区之水清清，可以养颜美容，更可以泡茶、酿酒、做豆腐。好山好水怀抱下长成的客家妹子，个个以秀气见长，亦个个都有酿酒的好技艺。闻名遐迩的客家娘酒，也有人说得益于客家娘子的巧手酿制所以才冠有此名，也有人说是因为客家娘子爱喝必喝而得其名。娘子喝黄色的娘酒，汉子则喝自酿的白酒，总之喝的都是大山的汁液。男男女女、祖祖辈辈，都是这样有酒无忧、无酒不欢，所以就有"客家人都能喝点"的说法。

客家菜席席泛酒香，酒是客家饭桌不可缺少的组成部分。或逢年过节，或遇上好事，客家人会说"请你食酒"。这个"食酒"，其实有酒有肴，说"食"而不是说"饮"，酒和菜

山青水秀的苏家围（茉莉摄）

显然已不分家，酒和肉分明就成了朋友。食在客家山区，你不能不做好一醉方休的准备。

窖藏日月，与山共醉，难怪客家山区人与人之间的关系，对酌之际往往胜过万语千言。

娘酒煮鸡（茉莉摄）

闻着酒香识女人

如果说，酒有性别之分，那么，客家娘酒应该属于女性之酒。客家人喜爱娘酒，不论妇孺老幼都能喝上几口。时至今日，无论客家的乡下地区，还是迁居城市有一定岁数的客家人，都保留用糯米酿制娘酒的习俗，但凡喜事都离不开她。

客家娘酒，看其名字，你可能止不住要说两句话。第一句："娘子酿得一手好酒。"第二句："娘子喝的酒。"毫无疑问，这酒，要不就是客家娘子酿制的酒，要不就是客家娘子爱喝的酒。

关于客家娘酒的出处，民间有一个传说——

却说西晋"五胡乱华"时，中原大地民不聊生，民众纷纷南迁。一群妇女结伴南逃，越过千山万水进入广东，最后累得一个个昏睡在荒山野岭。也不知过了多久，清风徐徐吹来，有老妇慢慢苏醒，只见一位满头银发、红光满面的长者拿着一只竹制盛器，从盛器里倒出一杯红褐色透明的液体递到她得嘴边话："食酒。"老妇轻呷一口，只觉醇香浓郁的气味直沁心脾，腹内似有一股暖气在缓缓流动，随即疲累全消。长者告之"这是大山酿制的生命汁液，客家人以山为母，所以叫做娘酒。"

客家人酿糯米酒历史悠久。据乾隆二十一年重修的《赣县志》记载："唐末常官设瓷窑于七里镇，宋时常设鼓铸官于州，出泥片茶，特许赣民私酿，虔州设税务所六。"这里把酿酒和瓷、茶、税并列，可见酿酒的普遍与酿酒在客家人生活中的重要地位。"特许赣民私酿"，说明之前官府禁止个人酿酒。随着大量中原汉民的迁入，赣、闽、粤交界山区得到开发，粮食生产面积不断扩大，粮食产量不断增加。因此，客家酒文化是伴随着客家民系的形成而出现的。

醇厚芳香的娘酒（茉莉摄）

做娘酒不可少的糯米

酿娘酒后的酒糟，客家人称之为"糟嫲"，是做菜的最佳配料和调料，可以做出"酒糟鱼""酒糟虾"等美味。

然后就传授了娘酒的酿造方法，教完就不见了，妇女们又惊又喜："神仙保佑，食酒食酒！"

自此以后，南迁者在这里安居乐业，繁衍后代，客家人的娘酒也世代相传，成为生活中不可或缺的组成部分。寻闻大名，一旦得见真容，可能就会产生如我一样的困惑：这不就是黄酒吗？客家人喜爱黄酒，不论妇孺老幼都能喝上几口。时至今日，无论客家的乡下地区，还是迁居城市有一定岁数的客家人，都保留自己用糯米酿制黄酒的习俗，每逢喜事离不开黄酒助兴。（与前重复）

据我所知，黄酒是世界上最古老的酒类之一，源于中国，且唯中国有之。它与啤酒、葡萄酒并称为世界三大古酒。我听说，早在3 000多年前的商周时代，中国人就独创酒曲复式发酵法，开始大量酿制黄酒。黄酒是用谷物做原料，用麦曲或小曲做糖化发酵剂制成的酿造酒。与白酒最大的不同，它不必经过蒸馏而提升其纯度。

不敢贸然相信自己的判断，又通过微博广泛征集意见，反馈来的答案，基本上认为是同一回事。当然，根据客家山区不同地方以及制作差异，也有直接就叫黄酒的，还有"老酒""水酒""甜酒""沉缸酒"等不同说法。若说与北方酿造黄酒的区别，则主要体现在其原料上，普遍用的是糯米而不是黄米（粟、小米）。兴宁所产一种黄酒，由于是用当地特有的珍珠米酿制而成，又有一个特别的名字叫"珍珠红"。

都说"闻香识女人"，来到客家山区则是"闻着酒香识女人"，但凡客家妹子、娘子，个个天生都能酿得一手娘酒。而酿酒的技艺如何，就成了衡量一个客家妇

迎亲路上（何方摄）

女能干与否的标准之一了。客家男子娶得一个貌美如花更兼贤良淑德的女子，固然是三生修来的福气，若再酿得一手好娘酒，那就是附加值一般的意外惊喜了。

都说"蒸酒做豆腐，不可以称老师傅"，其间各种温度的拿捏，不同祖传技艺的传承，都非一般人所能掌控。酿酒是从"蒸酒"开始的。"蒸酒"，准确地说就是蒸糯米，这是酿娘酒的第一步。蒸之前，要先把糯米洗净，然后放水里泡够一天一夜。待到米全浸透之后，放大锅里用竹箦隔着水去蒸。竹箦有许多小洞，可以使水蒸气串上来热透糯米。为保糯米能蒸熟蒸透，要不时拿筷子捅捅以疏松洞眼，从而成为"酒饭"。

接下来，轮到"酒饼"登场了。"酒饼"又称为"酒曲""酒药"，实际上就是酵母菌，其主要成分是一种叫"酒

客家新娘出嫁的队伍，据说连皇帝都不敢挡路。相传有迎亲队伍与皇帝出巡队伍狭路相逢，一句"皇帝也是出嫁后的女人所生"，令皇帝觉得很有道理，从此立下给新娘让路的惯例。

客家娘酒是我国最古老的酒种之一，已有两千年的历史。它以糯米为原料，首先将糯米去壳、留皮煮米饭后用簸箕散热、放凉，用特制酒母（俗称"酒饼"）均匀地洒在米饭上混合，装入瓦埕中20天左右进行糖化发酵。再将糖化发酵的酒过滤出来装入瓦埕中，这时将瓦埕四周围上稻草、谷壳，点燃稻草、谷壳进行炙酒（也称"火焙"），再用布包装入红曲放进瓦埕，约2个小时后可熄火，放凉，再用草纸将埕口封回即可。

饼草"的草药。蒸好的"酒饭"则要先倒至簸箕上摊开，放凉到一定温度，然后用手试试，大概与人体表面温度差不多就行。如果手头有温度计，可以更精确点，把温度控制在大约25℃，这最利于酵母菌的发酵。研碎后的"酒饼"拌入"酒饭"后，客家女子会用手搅拌均匀，再轻轻按压拌好的"酒饭"，见表面有水渗出时，就可以转入陶制的酒缸中。

进入发酵阶段了。"酒饭"中央要先挖一口"酒井"，这是为了"出酒"所用，为更好"出酒"还要兑入高度白酒助一下力。发酵过程中，如果气候温度低了还要在酒缸外加盖被子、蕉叶、干沙袋等保暖，因为温度低时酵母难以发酵。虽说如此，但如果温度过高酒又会发酸，所以发酵过程若这些因素把握不当，酒的质量就大打折扣了。有些地方还会在缸内放上一种叫作布荆叶的山草药，说是全靠它才能引出的酒的醇香。

在观察客家女子做娘酒的过程中，有网友发帖提醒我：娘酒可以是黄酒，但没"炙"过的黄酒不可以称娘酒！@刘震-Zzz地震在帖中还特别强调："炙过的酒是特别滋补的。"另一位网友@石马_cn表示同意："炙过的酒更醇、更厚。"

对极了！炙酒，是提升娘酒品质很关键的一步。按我的继续观察，炙酒其实就是"焙"。其步骤是，先把酿好的酒液倒入瓮中，然后把瓮抬到天井，用糠头、秸秆、谷壳等覆盖上，然后点燃。不能用过猛的火烤，要用阴火烧炙，直至瓮中酒沸腾飘香，就可以封存了。据介绍，炙酒还能起到杀菌的作用，令娘酒贮藏多年也不会变质。

炙酒（何方摄）

另外，未炙过的酒是寒性的，炙过之后则是温性的，可以补身体，特别适用于坐月子的女人饮用。

客家妇女为人之娘（母）时，基本上就以姜、酒、鸡为坐月子的补品，所用之酒就是娘酒。客家娘酒与客家女子关系中的密不可分，在坐月子的习俗上有着最淋漓尽致的体现，非喝娘酒不能把身子补回来。若你这时上门探望，主人循例会端出加了姜的客家娘酒，让你分享家里添丁的幸福。那酒其实是有密码的：放有姜丝，即表示生了男儿；若是姜片，摆明就是女儿——那么，送上你最合适的祝福语吧。

似乎可以这样说，客家女子的一生，个个与娘酒都有扯不清的纠葛。只要是客家山区出生的女子，她们都会告诉我一个答案：自己是吃着娘酒、闻着娘酒香长大

客家人饮酒是很普遍的。男女老少都会饮，有时还以酒代茶，在盛夏时普遍饮用。至于逢年过节、婚庆寿诞，就更要喝了。不过，客家人饮的是用糯米酿制的黄酒，很少人喝"高粱"之类的烈性酒。这种黄酒，几乎所有家庭都会酿制，且一般由女性承担。酿酒的技艺如何，成为衡量一个客家妇女能干与否的标准之一。

客家娘酒

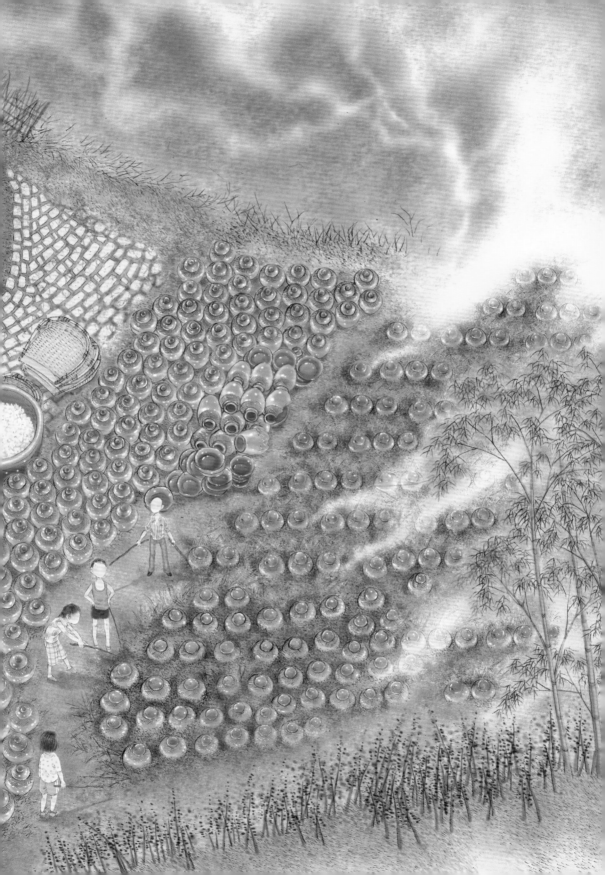

客家婚礼（何方摄）

客家人但凡喜
庆日子时都会"做
酒"。女方出嫁当天
要做"暖轿酒"或曰
"嫁女酒"；男方则
要做"讨亲酒"，进
了洞房新郎新娘当
然还要饮"交杯酒"。
客家人素以好
客闻名，即使家境贫
寒，只要家中有米，
就尽可能自酿一定
数量的米酒，以应不
时之需。若遇丰收之
年，客家人为了表达
喜庆，更为了对自
己常年辛劳的回报，
往往在冬闲年关时，
畅饮言欢，尽情释放
自己。

成人的。重要的是，她们从娘胎
开始就随其母体长闻酒香了，呱呱
坠地后所吃的奶汁也都是娘酒味
道。长大成人之后，她们又责无
旁贷地接过酿做娘酒的班，勤劳、
尽职地用富含娘酒基因的乳汁，
去哺育下一代，生生不息。

闻着酒香识女人，你会看到些
什么？

从家庭手工生产到户外劳动，尤其是家务活，更是被
视为客家女子为人妻、为人母的天职，"灶头锅尾""田
头地尾"，里外一把手，生活一肩挑。一位名叫爱德尔的
英国学者因此写道："客家民族（注：此处应是民系之误，
下同）是牛乳上的乳酪，这光辉至少有百分之九十是应
该属于客家妇女的……客家是许多民族中最进步的民族，
而客家妇女是中国最优美的妇女典型。"

美国传教士史密斯在《中国的客家》一书中感叹："客
家妇女真是我所见的，比任何妇女都值得赞叹的妇女，
在客家的社会里，一切艰苦的日常工作，几乎全由她们
来承担着，看来似乎都是属于她们的分内责任。"香港
学者余柯对此解读道："客家妇女把独立生活、女性温
柔都糅合在一起了。"

必须承认，爱喝娘酒的客家女子实在是颇为特殊的女
性，亦是男人们颇认同的对内善持家、对外能拓业的好妻
子标准。生为男人，也必须做好准备：娶一个客家女子回
家，你这一辈子就不用发愁想喝客家娘酒又没人管够了！

客家白酒中的时空奥秘

已经认识了客家山区的女性之酒，该说说大山深处所酿出的男性之酒了。女的爱喝黄酒，男的自然要喝白的。

中国好白酒，不外乎酱香型、浓香型、清香型、米香型这四种主流香型。说到酱香的典范，人们马上会想到国酒茅台；欲感受浓郁的浓香，肯定要试试泸州老窖；清香型的代表作，不妨举出山西汾酒；至于米香型嘛，当然少不了两广所酿白酒的巨大贡献，尤以大山窖藏为经典，并有下述十六字诀为鉴酒箴言：蜜香清雅、入口绵柔、落口爽净、回味怡畅。

所有中国佳酿香气的持久生成，似乎都离不开好水和微生物，而决定微生物的因素则包括环境、温度、湿度、土壤养分等多种。客家人独揽一山秀色，得天独厚的地理环境，自是拥有了所有酒香的时空奥秘。

为一探时空轨迹，我来到五华县岐岭镇，一个四面环山、云蒸霞蔚的宝地。独一无二的自然条件，奠定了酿制好酒的物质基础。岐岭镇山水秀美，向来为人所称道。漫步其中，看山间轻雾缭绕，听丛林鸟啼虫鸣，有一种远离尘嚣、返璞归真的舒畅。

客家娘子给客人斟上娘酒（茉莉摄）

安远县志生动地记载了这种场面："孟冬朔月，晚禾既熟，冬酒初香，村社聚会，饮食微逐，俗日十月朝。百日之劳，一日之泽。家家扶得醉人归。"

客家田园风光

关于客家酒的民谣

①十月里来讲收冬，蒸酒踏粄笼打笼，东家嫌淡又嫌硬，长工口水进喉咙。

②用亲情酿造的娘酒，用乡情酿造的娘酒，甜甜蜜蜜的故乡酒，一路飘酒一路香。

③打铁打着手，喊其学蒸酒，蒸酒打烂缸，喊其学做官。

④九九九，两子亲家饮老酒。

——摘自李林浩、陈苏方《客家酒文化词语研究》

迎亲（何方摄）

五华县原叫长乐县，长乐县得名于长乐台。公元前196年，南越王赵佗率部狩猎行经他曾任龙川县令时治下所在，忽接手下快马加鞭送来的快报：汉高祖承认他所建之南越国并正式封他为王。欣喜之际，他决定筑长乐台于当地狮雄山山下，以朝拜汉室及庆贺授封。北宋年间这里置县，因县治所在有长乐台故而取名。长乐县后来酿出了一种好酒，并沿用了长乐之名。

清·道光二十五年（1842）的《长乐县志》是这样记载的："县属出产烧酒甚多，长乐烧著称，岐岭为最佳。"到了民国，长乐县改名五华县，犹以岐岭镇所在酒业为最兴旺，"祥隆老号""祥隆正记""广益""裕春"等酿酒作坊的名声都很响。"一滴沾唇满口香，三杯入腹浑身泰"，是那时人们对岐岭镇所酿好酒的普遍赞誉。

我来到长乐烧酒厂，首先听到了一个神仙故事：当年八洞神仙云游南粤，曾摆酒痛饮，醉后留下一只酒瓮便飘然而去。酒瓮转眼间化成一座酒瓮石，瓮口流出滴滴甘泉。当时凡路过此地的人都会停下脚步歇息，并品尝这甘泉。一天，有个莽汉嫌泉水流得慢，便用柴刀去撬泉眼，一股清泉于是似瀑布般喷射出来，飞到了五华玳瑁山。从此，玳瑁山便水清如镜，正好用来酿好酒。"水是酒中之血，米是酒中之肉，酒曲是酒中之骨"，故事讲罢，引我参观酒厂的客家妹子说出这么句秘诀一般的话。

有别于客家娘酒的酿造，客家白酒需要更多的步骤。以我在长乐烧酒厂所见所闻，其传统造酒流程起码要经过选稻、制曲、蒸饭、糖化、发酵、蒸馏、窖藏等七个步骤。先看选稻，所谓"酒中之肉"，产于五华山区有机稻田的新鲜糙米,是长乐烧酿造中的最佳选择。正是因为耕作过程中不被污染,成米饱满,保证了天然之米香。

再看"酒中之骨"。天下名酒,酒曲皆为秘方。不知读书多还是闻酒多的缘故,客家妹子在我面前竟出口成章:"无上等酒曲,则无好酒之性格。"而长乐酒曲,亦非一时之作,其配方经久寻觅,以古人之智慧加今人之钻研,其制作手艺亦沿袭千年。客家妹子向我特别强调,这种自制特种酒曲为糖化发酵剂,是长乐烧酒特有的"酒中之骨",独具特色。

长乐烧(刘刚摄)

制曲之妙,确实不可小觑。白酒的造曲方法究竟始于何时,今人已无从考究。早在北魏贾思勰所著《齐民要术》中,就已对造曲方式有着一整套的说明。我注意到这个说法:造曲最好是选择农历七月的第二个寅日,存曲要用草屋,重要是"七"的选择——日子在七月,封存要七天,到第四个七天后从瓮中取出晾干,才算大功告成。

长乐烧造酒流程图(刘刚摄)

接下来是蒸饭。蒸饭关键在于山泉水的使用。"水是酒中之血",玳瑁山泉水的pH值为6.5～6.7,属中性偏酸,且硬度较低,无异物,无污染。这样的水与新鲜稻米共煮,饭香味都给吊出来了。米煮至开花时取出沥干水分,再蒸煮两三个小时,就到糖化这一步了。煮好的酒饭倾倒于竹席上,用竹耙摊匀,待冷却至30℃左右时放入酒曲。之后是发酵,把混有酒曲的饭放入酒坛内,经保温而使之渗出醪液。

当酒饭大部分已发酵成酒,便进入蒸馏程序。我们的祖先在长期的生产实践过程中,认识到酒精与水的沸点不同,于是就在发酵酒的基础上,通过蒸馏的方法来提高酒

客家人好客,客踏入门敬"四水"或"五水":先端洗脸水,再敬茶水,有些地方会煮了热水让客人洗澡解疲劳,再请客人喝汤水(汤圆、擂茶之类),到晚饭时酒水更是要喝够,不醉无归。

客家人把筵席称之为"做酒"。子女毕业要做"毕业酒",嫁娶要做"暖轿酒""完婚酒",小孩出生三日要做"三朝酒",满月要做"满月酒",周岁要做"过周酒",老人诞辰要做"生日酒",工匠学徒要做"拜师酒"和"出师酒",建房子要做"上工酒"和"下工酒",垒灶头要做"贺灶酒",迁居要做"骂迁酒",插秧要做"丙田酒",割禾要做"开镰酒"等等。这些"做酒"并非酿酒、制酒,而是一种酒文化现象。

精的浓度。这个环节中,醪液和酒糟被一齐倒入蒸馏器皿,并将蒸馏器皿放进加入山泉水的铁锅内,再点火煮水,蒸馏器皿内的混合物遇热后蒸发出酒气,酒气通过顶端金属冷却装置后凝结为酒液,酒液经管道终端落入酒坛。当然了,一路观赏生产流程的我,只能看到外部的情况。直至见到排列整齐的酒坛,客家妹子才告诉我,里边已是原酒,度数有55°呢。

"这酒,可以喝了没?"

客家妹子笑了笑:"急不得。"

还有窖藏这一步呢。原酒这时需要注入特制的地缸封存,埋于微生物活跃的窖泥下,在恒温恒湿的环境中,经年累月,自然醇化。我相信,客家白酒的所有精彩,也只有在这个时空过程中,才会缓慢地生成酒香的所有奥秘。但我没有足够的时间,待在这里亲眼见证一坛好酒是怎么生成的,只能走走捷径,直接试饮已酿好的原浆。只见妹子拿来一把长柄竹勺,高高地探入地缸,酒未舀出已香味扑鼻。待原浆入口,感觉就一个字:醇。

走过七个步骤,流程完了没?还没,最后要调味。据介绍,窖藏后出厂前,需要技术严谨的勾兑处理,还需加入天然药材香料,务求达到最佳口感。据《幼学琼林》对"酒"的记载:"其味香芬甜美,色泽柔和,饮之通天地之灵气,活经络之神脉,尤适健身养颜之益也。"故酒既是某些药的药引,有时又需要药对其香味的进一步提升。你看"医"字,原本写作"醫",下面的"酉"就是"酒"。

最后,便是畅饮了。客家妹子对我抿嘴一笑:"这个时候，女人可以走开，男人只管放纵。"

好，放纵就放纵。先来一杯 52°的长乐宴酒；接着再试 53°的长乐玉液；然后又有 60°的粤酒王……陪我喝酒的主人告诉我，这与刚才所试原浆不同，所有奥妙与神奇，全来自现代科学技术与传统工艺的完美结合，务求酒体达到不同口感需要的综合结构，展现由山泉水、优质糙米和特种饼曲经由时空轨道而产生的不同醇香。

我在想，我要领略此番解释，唯有多饮几杯。我还在想，当年赵佗在此地做大王饮，即使不是同一样度数的酒，应也是同一样的水、米和酒曲。

主人这时又让满斟了一杯，说这酒72°，名字叫作"高度尊贵"。闻此度数，我顿时清醒，询问"尊贵"之后的结果会是什么？主人乐了，不试怎知？而且，好酒都要"一口闷"。于是我做足让一团火所烧的心理准备，一杯尽饮。哗哗，一团绵柔醇厚又热情如火的液体，经味蕾而入咽喉而入胃肠，却是回味悠长的感觉。主人告诉我，白酒愈是高度数，愈不上头。好吧，为这不上头，以后谁能酿出 100°的"最高尊贵"，毋忘告诉我一声。

客家好白酒，当然不只眼下所饮长乐烧这一款。接下来，走过一座座客家地区的山，感觉就是见证：一个个天造地设的好酒窖。

"墙外"的酒香

酒香也怕巷子深。这话非常对，不被人知道的好酒，只能自我陶醉。

酒香不怕巷子深。这话同样非常对，好酒的酒香会自然向外扩散，除非不是好酒。

新人入洞房（何方摄）

幸福甜蜜的一吻（何方摄）

客家山区风光（茉莉摄）

客家节庆喝酒风俗

春节：客家人视之为一年中最为隆重和欢乐的日子，在除夕之夜合家团聚饮酒，称为"食年酒"，也叫"发始酒"和"吃春酒"。

立春：这天也叫"交春"，有"交春大过年初一"之说，在农村地区一般备香案，烧香照烛，放鞭炮，贴上"迎春接福"，名为"接春"，这天要吃"交春酒"，以示庆贺。

同样的上述两句话，套用于客家好酒真是再恰当不过了：酒香也怕山里深，酒香不怕山里深。前一句话，表明客家好酒需要更多的传播，要不然只让山里人独享，未免可惜了些。后一句话，彰显了客家好酒的独特性，正是靠着整个酿制过程的"大山窖藏"，才有了这不可复制的山中酒香。

说起来是有点不可思议：深藏大山的客家好酒有待把名气叫得更加响亮，做出了好酒的客家人在省外海外却早已扬名。都说"墙内开花墙外香"，客家人所酿出的酒，也香在"墙外"。我注意搜罗了一下，有三个历史名人是不能不提的。

第一位名人，是明朝的祝枝山。"唐伯虎点秋香"的故事街知巷闻，与故事有关的"四大才子"之一的祝枝山同样街知巷闻。都说"唐伯虎的画，祝枝山的字"。有谁知，祝枝山竟然会跑到客家地方来，主持酿出了一坛好酒？

祝枝山 1460 年出生于江苏苏州，一生最爱诗文、书法与美酒。当然，他也爱科举，爱求一官位，只是屡考而不得志。熬到 50 多岁了，他谋得的平生第一次功名是到广东的客家山区，出任兴宁知县，时为 1516 年。身为鼎鼎大名 "四大才子"中的一个，政绩自然是有的，墨宝同样也是有的。有一年他奉皇命主持修兴宁县志，一时技痒，书写县志序的手稿由行书而行草，酒瘾上来时猛灌几杯再转书狂草，因此留下一篇传世珍品。他更值得称道的传世之作，便是几百年后还能进入首批中华老字号的客家名酒——珍珠红。

"天地清明少，人生辛苦多；问他痴祝老，不醉待如何？"生活中的祝枝山，放浪形骸，非饮酒不能写出好书法和好诗文。工作中的他又是勤勉敬业，诚如在《县斋早起》一诗中所写到的："县小才疏政未成，披衣冲瘴听鸡鸣。向来啸傲知多暇，老去驱驰敢自宁。"朝廷后来考评祝枝山的政绩，在指责他催缴赋税不力的同时，亦称赞他勤于政事且为官清廉。惦记着兴宁老百姓的钱包怎么才能鼓起来，县太爷在深入民间调查研究的过程中，忽有一天顿悟四个字：靠山吃山。

兴宁山区，好山好水，更得天独厚，产有一种形似珍珠的好米。而兴宁民间，一直就有闲时酿酒的家庭小作坊存在。祝枝山于是广泛寻访，把善酿酒的好手都找到一起来，开设了一家民办官助的烧酒作坊。利用这种珍珠好米，经特殊工艺所酿出来的酒液呈现诱人的橙红色，这酒于是也就有了个"珍珠红"的名字，而酒坊亦命名为"珍珠红烧坊"。接下来，便是大才子在畅饮好酒的过程中，

元宵节：元宵有"上花灯"和"迎灯"活动，"灯"与"丁"谐音，"送灯"有"添丁"之意。"上灯"一般在宗族祠堂举行，其含意就是男丁上族谱，所以在上一年生男孩的家庭要宴请亲朋好友，称为"添丁酒"，还要舞龙灯、放"添丁炮"，共庆人丁兴旺、家族繁荣。

清明：客家人在清明这天，纷纷到祖坟前挂纸、扫墓，献三次酒。每次都要将酒洒在坟前，饮酒思源，缅怀祖先，还要去公祠"做清明"或请"清明酒"。

兴宁学宫（冼励强摄）

端午节：客家人用菖蒲草与雄黄粉制雄黄酒，喝雄黄酒，并喷雄黄水来驱邪避害，也可防止蚊虫叮咬。

"有花有酒有吟咏，便是书生富贵时"的诗兴阑珊。

再接下来的故事，就是珍珠红在兴宁的世代相传。只是，祝枝山在广东客家地方主持酿制了好酒，其个人的名气却是香在"墙外"，因诗文才气而名。似乎至今不见有人，把他整理进"广东历史文化名人"的有关名录里。

第二位历史名人，其大名进入了广州市五仙观内新修的南粤先贤馆。与祝枝山截然不同的是，他主持酿制的好酒却是香飘"墙外"。他，姓张名振勋，字弼士。但今天为大家所更熟悉的，是张弼士这个名字。也许，他的名字因其奋斗传奇，或者还可以叫作"客家梦"。

1841年，张弼士在大埔县西河镇呱呱坠地。家里贫穷，他只读了三年书便辍学。像那时许多穷困的客家人一样，远赴南洋谋生是实现梦想的一条出路。十七岁那年，他只身漂洋过海，到了荷属巴达维亚（今雅加达）这地方。从米店勤杂工做起，经过艰苦打拼，到1868年，他开办的垦殖公司已经遍布整个印度尼西亚。之后他又在新加坡等地开设药业、矿业、货运业、金融业，1886年已是闻名海外华人圈子的"南洋首富"。当然，他的"客家梦"，最终还是要梦回故土。

五知堂张弼士故居（冼励强摄）

1871年，当时张弼士在巴达维亚应邀出席法国领事馆的一个酒会，一位法国领事讲起，咸丰年间他曾随英法军队到过烟台，发现那里漫山遍野长着野生葡萄。驻营期间，士兵们采摘后用随身携带的小型制酒机榨汁、酿制，酿好的葡萄酒口味相当不错。说者无意，听者有心，张弼士暗暗记下了烟台的这段典故。

1891年，张弼士实地考察了烟台的葡萄种植和土壤水文状况，认定烟台确为葡萄生长的天然良园，于是向政府要员提出要在烟台办葡萄酒厂的想法。1892年，张弼士拿出300万两白银，创办了中国历史上第一个葡萄酒酿制公司，公司取名"张裕"，自此开始，葡萄酒在中国的工业化生产拉开了帷幕。1915年，张弼士率团赴美国旧金山参加巴拿马万国博览会，张裕产品一举夺得四枚金质奖章，这也是中国葡萄酒首次在国际大展上获得大奖。在庆祝宴会上，张弼士激动地发表演说："只要发奋图强，后来居上，祖国的产品都要成为世界名牌！"

张弼士的事业一帆风顺，但大自然的规律，让他的生命终止于1916年。遵照他的遗嘱，其灵柩从印度尼西亚移回大埔出生地，途经新加坡和香港时，英、荷殖民地均下半旗致哀，港督还躬亲凭吊。当灵舟由汕头溯韩江到大埔时，两岸民众到处设牲祭奠。孙中山专程托人送来了花圈和挽联，挽联写道："美酒荣获金奖，飘香万国；怪杰赢得人心，流芳千古。"文字重点，显然落到了所悼念逝者的酿酒业绩上面。

香在"墙外"的第三位历史名人，姓温，是梅县人。若非酒界圈内人士，一般人可能没听说过"温永盛"这

葡萄酒

重阳节：也叫"九月节"，客家人在这天登高，饮"菊花酒"。

冬至：客家地区有"冬至过大年之说"，这天家家酿"冬至酒"，即糯米酒，人们认为冬至这天的井水最好，用这些井水酿造的"冬至酒"至醇至香。

梅县元魁塔（冼励强摄）

客家酒席上的来宾就座非常有讲究，似乎每个人都会主动根据酒席的主题和自己在来宾中的地位找到适合的座位。偶尔有不知礼者随便坐，会当即遭到议论，甚至有人出面干涉。如果是婚酒，新郎舅舅一定要坐在上席，因为客家有句俗话说道"天上雷公，地下舅公"，强调舅公的地位。

个名字，但说到泸州老窖，就谁都知道了。中华人民共和国成立后曾对白酒进行过五次国际级评比，只有茅台酒、汾酒和泸州老窖是每一次均入选国家名酒的。之后，又有"中国八大名酒"的英雄榜排序，与茅台酒、汾酒、五粮液、剑南春、西凤酒、古井贡酒、董酒一起，泸州老窖位在其列。当然了，作为1915年万国博览会上的金奖获得者，它在酒界的江湖地位早摆在国人面前。

只是，产于四川的泸州老窖，怎么与广东客家人能扯得上关系？温永盛又是什么人？查《泸县志·食货志》，对清末当地的酒业概况有如下记载："大曲糟户十余家，窖老者尤清冽，以'温永盛'、'天成生'为有名，远销川东一带及省外。"这事就得追溯到清朝雍正年间，广东梅县姓温的一户人家迁移到四川泸州，之后世代开设酿酒作坊谋生。

到了同治年间，温家九世祖名叫温宣豫的，买下"舒聚源"创建于明朝万历年间的4口陈年酒窖，改名"温永盛"，并打出"三百年老窖大曲"招牌。之所以取这名，一说是到泸州落户温氏第十四代世祖名叫温荣盛，这在梅州的《温氏家谱》里有着记载，温荣盛就被尊为"泸州酿酒世家的第一代世祖"，"永""荣"同音；还有一种说法，是寄望于温家在泸州的酿酒事业永远昌盛。

却说温家买下4口明朝酒窖后，吸取前人的经验教训，对生产和经营进行了仔细分析，进行了两次动作很大的改造。一是全力开发老窖，并将米酒的工艺和优势经过精心筛选后，融入老窖工艺中；二是查阅史料，根据明朝《本草纲目》中对制曲的详细阐述，决定将做糕点发酵的陈年"老面"加到原来的"小曲"中去，按比例混合到一起生产成"大块曲"，并经多次试验最终定型为"大曲"发酵曲。完善传统工艺的结果，是既从根本上改变了酒质，又大大提高了酒的产量。此举对泸州酿酒业的整体产业拉升，可谓意义非常。作为泸州老窖特曲的前身，温永盛包括它的老窖池、传统工艺以及发展史，在中国的白酒工业史中均留下了极重要的一页。

温永盛最辉煌的一个篇章，则是由温氏到泸州后的第十一代传人温筱泉、温幼泉兄弟谱写。1911 年，温家酒业重担落到了温氏兄弟肩上；1915 年，温筱泉得知巴拿马万国博览会将举办的消息，立刻与弟温幼泉商量并做出了组织参展的决定。作为泸州酿酒业最著名的酒号代表，温筱泉带着"筱记温永盛酒厂"生产的"三百年老窖大曲酒"，赴美国旧金山参加巴拿马万国博览会。

巴拿马万国博览会的召开，是为庆祝巴拿马运河被开凿通航而举办的庆典，结果中国却成了拿奖的最大赢家。当时一则轶闻说是中国参展的白酒因不慎打破了酒瓶，那奇异且浓烈的酒香，一下子征服了在场的所有人。那酒有说是茅台，有说是泸州老窖特曲，事实上这两种酒同时都拿到了博览会金奖。以温永盛为代表的泸州老窖特曲，自此闻名世界，酒收入亦成为泸州当地的第一经济支柱。

人情世事几番新，是行家就会知晓，泸州老窖特曲的最醇一脉，就源自当年温永盛。更专业的行家则知道，泸州老窖特曲与张裕葡萄酒一样，其实是广东客家人的大手笔。客家人基因里，尽是一等一的好酒元素，奈何总香在"墙外"？

客家人一年四季都喝家酿的糯米酒，认为这种酒既经济，又活血、强筋骨、消除疲劳，具有滋补作用。

1915 年 2 月在旧金山举办的博览会，共有 31 个国家参加，参展品 20 多万件，参展人数达到 1900 万，历时 9 个半月。

旧金山万国博览会旧址

九来圆去

陆

技艺篇

有酿就有客家人

要判断一个人是不是广州人实在太容易了！有腿的除了桌子，有翼（翅膀）的除了飞机——只要是广州人，都会琢磨着怎么把眼前物做了来吃。

要判断客家人也不难，你同样可以从饮食态度入手：有腿的除了桌子，有翼的除了飞机，客家人往往会琢磨：怎么酿了来吃。

与客家菜接触，感觉真是无所不酿：酿豆腐、酿苦瓜、酿茄子、酿莲藕、酿萝卜、酿腐皮、酿辣椒、酿豆角、酿猪红、酿鸡蛋、酿冬菇、酿香覃、酿冬瓜、酿节瓜、酿南瓜、酿丝瓜、酿吊瓜（黄瓜）、酿葱白……以至于细嫩如芽菜，都可以拿来酿一酿。

酿豆腐，前面已经说过，可以马上让人想起并永久回味的标志性客家菜，那是永远的客家菜头牌。而根据酿豆腐来历一直有一个传说，但凡涉及酿，似乎都可以归根于爱吃饺子的中原人基因。找不到面粉做饺子皮时，只要顺手拿起一款能吃的东西，客家人都会拿来当替代品酿了来吃。

不过，对"包饺子"一说我稍存疑惑的是："包"是个由外向里的动作，"酿"则直奔主题，一个强调外在而一个直指中心，两者用意各有侧重。"酿"，在客家人的词典里，一是指利用发酵作用来造酒，二是指将调好的肉馅置入另一种食物中。要说明的是，彼"酿"非此酿，前一说法基本会与酒一起

酿莲藕（茉莉摄）

造词；而后一说法主要在于强调肉馅的重要性。

我不知道，除了客家人，还有人会这么强调这个"酿"吗？所以，有酿就有客家人。

素食里"植出一块大肉"

历史上的客家人一路奔波，随身所携带的肉食极其有限，这就需要搭配素菜以进食，配着配着就配上了好味道。这个搭配的动作，就是"酿"。

"酿"字，见诸东汉许慎所著《说文解字》，隶变后楷书写作"釀"，"从酉，从襄"。这个被后人简化为"良"的"襄"，意思就是"包裹""包容（异物）"。"酉"与"襄"联合起来，在酿酒中表示的就是"在谷物中间放置酒曲""用谷物包裹酒曲"。

《说文解字》释"襄"时又写道："襄，汉令：解衣耕谓之襄。"解衣耕是一种种植农作物的方法，即在天气干旱的时候，扒开耕地干硬的表层，在下面湿润的土壤上播种，再将表层的土覆盖上去，以待其发芽生长。

由此观之，不妨对"酿"也作这样的理解：酿酒就是往谷物里"种"酒曲使之"种出酒"；酿其他，无疑也是要往素食里植入肉馅，使之"植出一块大肉"。

一小块肉馅如何让一大块豆腐变得好吃，前面已有酿豆腐章节专门描述。其他让人琳琅满目的酿菜，不妨也随我走马观花地看一看。所有酿菜之中，酿苦瓜大概属于"一酿（酿豆腐）之下，万酿之上"，是客家人最喜爱做来款待客人的。酿苦瓜之所以受欢迎，我以为要归功于它"肚大能容"，瓜瓤掏掉后，里边的空间可容纳足够分量的肉馅。

豆芽

豆角

只要是能吃到嘴里的，客家人总琢磨着怎么酿了来吃。

这么精致好吃的菜，自是客家传统饮食习俗中"回菜"的首选。所谓"回菜"，是指散席后，主人还要把剩余未出席的菜赠送给亲朋带回去。

酿苦瓜（茉莉摄）

苦瓜可酿，苦笋也可酿。苦笋又名甘笋、凉笋，生于梅州山地之中，其味清香微苦，有清热的功效。下咽后但觉有一股甘爽清凉的余味涌起，那种滋味宛若浓茶，重在回甘。加上猪肉，做成苦笋煲，是客家人爱吃的菜。

葱白

酿苦瓜所用肉馅，用油、盐、生粉、胡椒粉调好，有些还会加入冬菇、虾米、鱿鱼丝。亦有客家人告诉我，一定要记得加入客家咸菜，这样味道才正路。也有爱加糯米的，是为省点肉馅还是为品种创新，我就不知其详了。至于做法，更是流派众多，有原只苦瓜酿的，亦有切开一段段来酿。烹调上更是五花八门，有煎香了再焖煮，有清水焖煮，也有蒜头豆豉爆香了焖煮，或是隔水蒸熟了吃。

客家人无所不酿，她们的心灵手巧在"吃"这么件平凡又伟大的事情中得到了极大发挥。像苦瓜、茄子、莲藕等物，体型容积较大，如何酿好理解好想象。不过豆角怎么酿？直到他们把酿好了的实物摆我面前，我才明白凡事是可以转个弯的：扭在一起的豆角，极巧妙地就把肉馅围中间了。那么，葱白又怎么酿？在客家人手里，小小的配菜也成了酿菜主体。其做法是只选取葱白一段，竖削几刀，于是就腾出了比较大的空间，酿成灯笼状的效果。

网上我还接到报料，说是酿豆芽才是所有酿菜中的最精华部分。传说在清朝年间，慈禧太后的御厨中来了个客家大厨，把所有能酿的食材都酿了一遍之后，老佛爷出了道难题：能酿出豆芽才是真本事。结果真就给酿出来了，所酿之馅当然属于山珍海味一类，老佛爷一尝之下赞不绝口，从此爱上了这道菜。酿豆芽据说没有失传，客家民间还有能做出此菜的高手，只是我无缘得见。若真有谁见过、吃过它，下回记得拍个照转到我微信。

酿猪红的难度应该比较大。我在河源吃过这道菜，猪红嫩滑如豆腐花，里边居然能酿得进肉馅。我问当地人怎么酿进去的，人家说不是一般人能弄的，需要专门对之有心得的一双巧手。看来，什么都难不倒心灵手巧的客家人，万物皆可植入馅料。现在不是时兴过乞巧节吗？如果是在客家地区度七夕，比赛做酿菜就行，能酿猪红、酿豆芽的客家女儿，男人们先下手为强赶快娶回家吧，娶到者都是一种福气。

相对而言，酿鸡蛋就简单多了。鸡蛋属流质食物，也能酿？没见真容之前，我想当然地以为，在蛋壳上戳一个洞，然后把肉馅塞进去。但其实是把鸡蛋都打在碗里搅匀，再把调好味的肉馅放入，再搅匀，逐勺放镬里用油煎成角状，再放水煮熟并调

在客家传统饮食习俗中，有"夹菜"一说。凡喜庆筵席，都会有一些妇女和小孩将自己舍不得吃的好菜夹到预先准备好的容器中，带回家给亲人吃。"夹菜"习俗的传承，缘于在客家人中间流传的一个孝心故事。

艾酿春（茉莉摄）

酿鸡蛋

酿茄子　　酿腐皮　　酿萝卜

酿冬菇　　酿冬瓜　　酿豆角

酿辣椒　　酿猪红

酿肠子

米酒

韭肉丝酿豆芽菜
肉馅蛋角红曲姜

有酿就有客家人

酿甬瓜　　　蒸蛋饺　　　　酿葱白

酿苦瓜　酿豆腐　　　　　酿猪肚　　　酿节瓜

酿莲藕　　　酿猪肠　　　　　　酿丝瓜

酿吊瓜　　　　酿田螺　　　　酿香覃　　　酿鱼块

据研究客家文化的学者杨彦杰先生调查考证，过去闽西的上杭、连城、永定、长汀等县均有吃"熟米"的习惯。所谓"熟米"，是指将收割的稻米未经风干，先倒入锅内用水煮，直至谷壳破裂才捞起晒干，然后砻成米。这种加工稻米的方法不仅使不太饱满的谷粒不易破碎而能充分食用，而且能最完整地保持谷物营养成分。这种习俗原来自浙江的桐乡乌镇一带。

味。此菜可放点红曲做成汤来喝，也可以加入配菜用煲热着吃，洒点胡椒粉更能吊起肉与蛋结合后的特殊香味。也有一种酿法，是先把搅拌好的鸡蛋液煎成半熟的蛋皮，之后迅速放入肉馅，再用锅铲翻上另一半使之成蛋饺状，然后装盘再蒸几分钟，即可端出来吃。在客家人口中，酿鸡蛋还有个好听的名字叫"酿春"。

我至今搞不清楚鸡蛋是荤菜还是素菜，所以，酿鸡蛋算不算素食里"植出一块大肉"，得继续请教专家。至于肉里再酿肉，那就绝对是荤食基础里异化出来的"大肉"了。比如酿猪肚，是将煮好的猪肚切成小方块，然后往夹层里再酿上馅，这猪肚于是就有了脆滑鲜甜的层次感。至于酿猪肠，则必须依靠鸡蛋，把搅拌了调好味的蛋汁灌入猪小肠，蒸熟后横直切花炒成松球果状，又好吃又好看。说到酿鱼块，则取鱼皮切成方块，包入肉馅如手指大小，蒸熟了上桌。客家人还喜欢酿田螺：外观仍是田螺，里边则玩"狸猫换太子"的把戏，换了肉馅。

除了酿鲮鱼——这是广府菜系里顺德人的专利，客家人似乎什么都能酿。有客家人告诉我，"酿"字本可写作"让"，这更能表明往食物里塞肉馅是怎么一回事。想想确有道理，互"让"，这空间就有了。人与人，凡事何妨也多"让"几分。

煎酿三宝，你来自何方？

在系统接触客家菜之前，我对酿的最多认识，除了酿豆腐，恐怕就是煎酿三宝了。

客家荞苗卷（茉莉摄）

煎酿三宝，即酿苦瓜、酿茄子、酿圆椒（或酿尖椒）三样宝贝的合称。为什么叫"三宝"而不是"孖宝"或"四宝"，没有人给出过标准答案。而苦瓜、茄子、圆椒（或尖椒）的角色也是基本固定，不过有时亦有其他的替代品，比如酿豆腐常会取代其中一样。说到里边所酿肉馅，可以是猪肉，也可以是鱼滑（鱼肉剁碎了再挞至起胶），用葱、姜、绍酒、盐、淀粉等拌好酿入，热镬下油两边煎香了吃。

茄子

圆椒

按我的吃饭体验，但凡主人说要点这菜，用意一般是与下酒有关。吃煎酿三宝最好是趁热吃，边享受着外脆内绵的热辣辣口感，边佐以烧酒或啤酒，谈兴也热辣辣地上来了。同为爱吃之人，彼此谈兴虽热，似乎从来没有扯到：煎酿三宝是不是地道的广府菜。

此也酿，彼也酿，煎酿三宝会与客家菜扯得上关系吗？一直以来，我总以为这属于广府人家的食谱。我搜索一下记忆，最早知道煎酿三宝的名字，是缘于20世纪八九十年代"港府名厨主理"的新派粤菜馆子。潮流一起，这菜式便风靡所有酒楼饭肆了。

煎酿三宝的扬名，与一部同名香港喜剧片的放映大概也很有关系。有一年我去香港逛街，发现这煎酿三宝其实是随处可见的街头小食，在一堆摆放于平底热镬的煎炸鱼丸、酿青椒、酿茄子、酿豆腐等食物中，花5元（现在有可能不只这个价了）就可以任选三款，自由配搭。因为是用热油半煎炸而外卖，所以特别惹味。那么，源头若确实是来自香港，与客家菜又有什么关系？

每次去香港，最方便的语言交流工具，都是靠粤语。于是认为，香港人就是讲粤语的人。有一次听香港学者

街头酿豆腐（茉莉摄）

客家菜的特色：第一，重山珍，轻海味。这既不算粗，也不算杂。这是由客家的自然环境决定的。第二，重内容，轻形式。这与客家人大多喜欢实实在在、不甚追求花里花哨的性格有关。第三，重原味，轻浑浊。这可说是客家人对我国传统饮食文化的继承。第四，重蒸煮，轻炸煎。这是因为客家人大多比较适应温性和清淡的饮食，较不适应热性的饮食。

——王能增《客家饮食文化》

谈起当地人口变迁，言及香港是"典型的移民社会"，而且其移民的变化和增加与广东珠三角的局势变化息息相关，每一次珠三角有乱，人们都会跑到香港。接着我找到一份资料，表明香港在英国人1841年登陆前，是以客家人为主的地区，除了港岛有少量广府人，九龙和新界的客家人都占百分之九十以上。在后来的由乡村演化为城市的过程中，大量迁移的广府人逐渐变为主要居民，客家人逐渐变为少数。

时间若往前追溯，香港的客家人亦非土著。香港中文大学教授刘义章在《香港客家》一书中写道："香港客家人多半是在1700—1750年间从粤东移民到香港的，但也有少数在1800年以后才迁入。他们的祖籍一般是五华、兴宁、梅县，也有少部分来自福建和邻近香港的惠州一带。由于他们移民来港的时候人数有数以万计，建立了400多座村庄，在人数的经济能力上可以和本地人抗衡，因此没有被同化。"

这样一考究，煎酿三宝最早出自香港客家人的手，也是很有可能的，"有酿就有客家人"嘛。当然了，话只是开了个头，若有新的发现以后再补上吧。究其实，看香港人也不能看走了眼，说不准眼前人与广东客家就有着很亲的血缘关系。就说都知道的艺人曾志伟吧，有一回他谈起旧事，表示自己是五华人，父亲和一代球王李惠堂是很好的朋友，还表示球王是看着自己长大的。

要吃煎酿三宝，最好去香港吃。香港人让其极大地发挥着"街市味"的时候，也把祖先的文化烙印用饮食的方式留存了下来。

爱扣才懂吃

靠山吃山，山里边多的是草木。草木能吃吗？成为中草药的，能吃；只能用作柴火的，有助于吃。柴火充裕，做起客家菜来是个优势。

扣，很经典的一种客家菜烹饪手法，完全就是靠柴火帮忙。本来互不相干的两样食材，经长时间的柴火作用，竟然可以让彼此味道互渗，你中有我，我中有你。

荤素搭配，是做客家菜的常态。历史上客家地区里肉食稀罕，不配些素菜混着来吃，不符合客家民系的勤俭习惯。如前面已说到的酿，又如后面要说到的丸。扣，实际上就是一块肉加一块素菜在器皿上的排列，期间经过所用器皿的一次中转，就成为扣了。

爱扣才懂吃。在诸种客家菜的荤素搭配中，荤中能吃出素味，荤中又富含素味，这才显扣的本事。

欲把婚姻比扣肉

有谁做过统计，爱吃扣肉的人，婚姻特别甜蜜、牢不可破？

欲把婚姻比扣肉，总觉得，这道菜最能解决"1+1"等于几的问题。

扣肉，其实是个省略词，与香芋扣、粉葛扣、梅菜扣等意思一样，只是为了突出谁是此菜式中的"一家之主"。到底由谁作"主"，问题并不大。关键是不能缺了"另一

扣金柚皮（茉莉摄）

竹筒香芋扣肉（茉莉摄）

扣菜的精妙之处，正是"你中有我，我中有你"。

半"，若非"1+1"，绝对不是扣。

闲话休说，言归正传。先看客家人怎么做扣肉的"这一半"：①选取带皮五花肉一大块，刮毛并洗净；放入烧开水的砂锅，煮至筷子能插入，取出。②用叉子在肉皮表面上扎小眼，趁热在肉皮表面抹点老抽。③把净锅放旺火上，放油烧至八成热，皮朝下的整块肉放入锅中炸，先用大火后用小火把肉皮炸黄，捞出沥干油。④炸好的肉切成长形块状，每件约长8厘米、宽0.5厘米。

讲究的梅州客家人，还会讲究"一两扣"。也就是说，做好的"这一半"扣肉，不多不少只是一两重。之所以这样，是为满足爱吃扣肉者一整块塞进口腔的容量要求。肉要大口嚼，才不至于辜负做扣肉者的一片扣菜苦心。

经过以上繁杂的步骤，"这一半"嫁得出去否？且慢，还要根据不同的配偶对象，选择用适量生抽、老抽、南乳、米酒、白糖、五香粉等，上好待出门的妆。

"那一半"，可以是香芋、粉葛、梅菜干、豆角干、柚子皮……反正，愿者只管上门。比如说，客家厨师这一回选中的是香芋，切成约长8厘米、宽1～1.5厘米的长形块状，热锅下油去炸了，然后就可以"入洞房"了。

规矩不能乱：处理好的五花肉必须皮朝下，两者间必须按照"一夫一妻"搭配，不可以贪多。

接下来，就是蒸，然后扣。也有的坚持先扣了，然后蒸。问过不同人，也读过不同食谱，两种烹饪方法都有。那就一扣两制吧！按我的理解，先扣再蒸，是学习李双双的"先结婚后恋爱"，而先蒸再扣，则是绝大多数男女所奉行的"谈了恋爱再论婚嫁"。恕我味觉迟钝，两种扣法我基本上吃不出优劣。这也证明了婚恋方法不必统一，鞋是否合适，当事之脚最清楚。

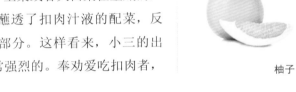

柚子

但到后来，先扣后扣，我还是能准确分辨了，那是因为有了"第三者"的介入。生菜或者大白菜在垫底的，就是先蒸后扣，你别说，那蘸透了扣肉汁液的配菜，反而成了这道菜最压轴的精华部分。这样看来，小三的出现，对婚姻的破坏性还是非常强烈的。奉劝爱吃扣肉者，对原配还是要专一一些好。

不同的对象，扣肉本身会有不同的装扮。比如说芋羹扣肉，香料可以不放，白糖橙糖则要抹足，要的就是两者相扣后甜甜糯糯的口感。这款菜，特别适合那些一个小时不见都要通通微信的新婚夫妇。

富贵"柚"来（茉莉摄）

鸭

土生土长的农家鸭与糯米相扣，成就了梅州客天下景区餐厅的一道名菜。

至于柚皮扣肉，心思则要放在苦尽甘香来的体验上，柚皮要火烤之后刮去其青，泡洗时间不能太久，要保证那带点微苦的果香味在扣的过程中充分被五花肉吸附。经历过坎坷曲折的爱情长跑小两口，最有理由替这款柚皮扣肉打个是否及格的分数。

其实所有荤物素物，都可以按配偶双方予以配对，扣到一起来。在梅州客天下度假村风味餐厅，我吃过一款糯米扣鸭，肉和米皆绵而有嚼头，美妙不可言。我找到做这道菜的厨师邓静标，想打探好吃的秘诀是什么。他张口就答，一要选好料，二要足够的时间腌制，三要把握好扣的火候。原来，提前两天他要选好农家土番鸭，宰了洗净挂起略为风干，用盐抹了，再抹一种用多种中药材调配好的"十三香"；之后，就是十多个小时的腌制；再之后，用浸透了的糯米与之扣一起蒸。

40岁的邓静标来自梅县，说好吃爱吃是自己一家子的遗传。家里其他人虽不是厨师的，也能煮几下。从爱好入手也从谋生考虑，十七八岁的他就选择了厨师这一行。客家山区不像省城，没机会进行厨师考级，但这并不妨碍他经常钻研厨艺但求有新的提高。而到客天

梅州乡村宴席上的扣肉（茉莉摄）

下风味餐厅工作后，发现来这里的食客水平似乎比其他地方的要高，菜做不好自己也不好意思继续混下去的。至于这道糯米扣鸭，就是邓大厨钻研多时而成的招牌菜了，食客一般吃过后都愿意下回回头再吃。他表示，蒸扣过程与腌一样，时间不长扣不出味道来。看来，成功还得靠柴火。

这样一路问扣，感觉这个烹饪专业术语的确很奇妙。扣，从这个器皿转到那个器皿的一个短暂动作，何以竟取代了之前那么多繁杂程序以及长时间用火蒸煮的过程？有一天我顿悟——

这不就是由爱情转型婚姻的一刹那？之前的爱情长跑，全都为了这一刻。动作不够、火候不到，扣也白扣。

当梅菜遇上扣肉

最好吃的扣菜，卖个关子，喝杯茶喘口气，留待这里才讲。

我指的，是梅菜扣肉，不曾吃过的这一招牌菜的，不算吃过客家菜。我借微博发公告，希望众网友选出最好吃或者说印象最深的客家菜，其得票与盐焗鸡不相上下，并列排在第二位的，只有它。到各个客家地区，似乎也总能见到它那油亮亮、香喷喷的身影。

这些年因身体发福已有点怕吃肥肉的我，在梅县松口一个普通家庭的饭桌又见它时，怎么也不敢下箸。主人甩出了一串话："吃吧，不怕，好吃，不肥！"明摆着的大肥肉，居然还强调"不肥"？抱着"不入虎穴，焉得虎子"的心态，我夹起了眼前的肥肉，半空中还在颤动的它分明在展现脂肪的丰厚。及至入口，肥肉即化，果然"不肥"。

梅州平远梅菜干（茉莉摄）

惠州甜梅菜芯（茉莉摄）

有梅菜干在，扣肉就不会肥腻了。

新鲜芥菜（何方摄）

等待晒干的菜（何方摄）

或许，可以这样说，因为有了梅菜扣，世界上就产生了"不肥"的肥肉。前面已经介绍过，"另一半"已尽吸其精华，包括油腻。或许，在所有扣肉的配偶中，梅菜应是最合适的那一个，合适在肥瘦间的互补。《胭脂扣》有句台词，似亦道出个中真谛："也许只有一个人才明白这一切，前世的思念今生今世来结……"

《胭脂扣》是梅艳芳、张国荣主演的一部很耐看的电影，片中的"胭脂扣"吃不得，与客家菜并无半点关系。但剧中那种缠绵悱恻的情节，倒也很吻合梅菜与五花肥肉相伴相扣的过程。吃梅菜扣肉，我更喜欢嚼梅菜，这尤物，干韧而有嚼劲，越嚼越能感受饱蘸肉汁后的甘香，正应了《胭脂扣》中那句话"男装、女装、化妆、不化妆、如梦如幻月，若即若离花"。梅菜扣肉的精彩处，正是互扣之后做到的角色互换，两者口感同中有异的若即若离。

梅菜为什么叫梅菜？梅县人会马上回答："梅菜的梅，就是梅县的梅，是我们县里最好吃的传统名菜。"我去五华、兴宁等地，也发现餐桌上总离不了特别惹味的梅菜扣肉，当地人均认为这是自己家乡的特色菜肴，"梅菜梅菜，梅州人的菜嘛！"

当我来到惠州，却见惠阳、惠东等地也都盛产梅菜干，客家农户都会引为自豪地介绍，这是本地的"传统名菜"。为此，惠州人言之凿凿地告诉我，梅菜源自阿牛哥与阿梅妹的一段美好爱情故事：那一天山洪暴发把桥给冲断了，阿牛打柴回来，见有个姑娘因过不了河正着急，于是就牵来水牛送她过了河。后来两人相爱了，但姑娘原是天上仙女，总是要被召回的，临走前她送了阿牛一包菜籽并授之以做菜干的方法。姑娘名叫阿梅，这种惠州人视为天物的菜干也就叫"梅菜"了。

梅州、惠州两地，做梅菜干的方法是有差异的，口感上因此也有差异，但都要进行梅菜扣肉的"天仙配"，则是不争的事实。据我去梅州得来的见识，梅菜干的制作，首先要选取环境幽雅的山村定点种植，采摘新鲜的芥菜（也有客家地方称之大菜）为原料。据农户介绍，其过程，是先将菜洗净，晒至稍枯后搓盐，经过几搓几晒，至晒干后，蒸了再晒。就这样起码经过"三蒸三晒"，最挑剔者是要"七蒸七晒"，至叶呈油黑色，叶柄呈金黄色，

做梅菜干的全过程，让人感觉到是在吸取天地日月精华的体验。

客家人正在做菜干（何方摄）

盐

客家人吃菜口味较重，特点为"咸咸辣辣，麻麻搭搭"。客家人认为多吃盐才有力气，没盐就没味，"要想甜，放点盐""省了盐，酸了汤"，牛也"来年要拉（耕）田，冬天喂点盐"。所以外地人吃客家菜，普遍觉得咸了点、味重了点。"有盐冇盐，尝了才晓得"，这是一种务实的精神，没有实践就没有发言权，客家人反对说大话空话。

再捆成小把或剪成小截收藏。

经精选、飘盐、晾晒等多道工序做成的客家梅菜干，色泽金黄，不寒不燥、不湿不热，香味独特，或清甜爽口，或浓重醇厚。不同地方出品的梅菜，做法上差异多多，有些要入瓮腌够时间再去晒，有些在蒸时要洒些浓茶，也有的地方会省却蒸的功夫，口感自然差异也很大。随口味不同，放盐多少也不一样，惠州有地方就专门做成"甜菜干"，以区分于"咸菜干"，甚至只将芥菜用开水杀青后晒干即成，取名"淡菜干"，只为突出其鲜甜清淡味道。

当梅菜遇上扣肉，个性化的客家菜的确引人垂涎。肉要选最好的五花肉，客家话又称之为"三层靓"。如何把这肉调制得适宜做最好的扣肉，上一节已有介绍。梅菜之扣，其调制可更浓墨重彩。名厨曾远波在《客家菜》一书有如下描述："梅菜洗净切碎后，烧热炒锅，白锅炒干梅菜盛出。之后，取一小碗，加南乳两块、白糖、老抽、生抽、米酒、八角粉、盐等用少许水调匀，锅内放油烧热，爆蒜蓉，下梅菜，将碗内汁倒入，烧开；煮好后，放入装肉的碗内，将碗放入高压锅内，蒸约30分钟，扣入碟中。"

功夫不能少，用心才好吃。一碟色泽油亮，甜咸适中的梅菜扣肉，可以开吃了。层次分明的五花肉，因吸附了梅菜的清香显得味道鲜美，若是隔餐吃会更为可口。而垫底的梅菜饱吸了肉汁，香喷喷的，用以下饭绝对可以多吃几碗。

由梅菜扣，又胡乱联想到《胭脂扣》。巧得很，电影中的女主演也姓梅，饰演"十二少"的男主演祖籍正是梅县。都"梅"到一起来了，不爱吃梅菜扣肉才怪。

丸来圆去

客家人爱把丸状食品称为"圆"或"圆子",肉丸也叫肉圆。在客家地区,结婚、生子都要吃肉圆送肉圆。诸如猪肉圆、牛肉圆、牛筋圆、鱼圆、虾圆、鸡圆、香菇圆、冬笋圆、豆腐圆等等,数不胜数的"圆",已然构成客家美食特色的一种传承。

"圆",可蒸可煎可炸可煲可煮汤,既是小吃,也是一道最常见的家常菜,饮宴中更是必不可缺。"圆"寓意圆满的好姻缘,"圆子"联想到"因子之梦",说是客家人所尊崇的一种饮食信仰也好,总之既适合新人的喜宴和诞子的庆贺,也适合各种祝福、团聚的宴席。

"圆"是颇得后人研究的一种客家文化精髓。你看,客家人的围龙屋呈半圆状,屋前的水塘亦是半圆状,合起来就是个圆。"圆"也好,"丸"也罢,在客家人的字典里或许就是同一个字。不管取哪种说法,顺其自然即是圆满与团圆。一切是圆,一切随缘,丸来圆去,因果是圆,饮食中已见人生佳局。

谁与"打乒乓"?

是肉丸?还是肉圆?这不是个问题。管它呢,随丸,随圆,也随缘。

客家肉丸好吃,还是潮州肉丸好吃,或者说谁更有韧性、爽脆、弹牙,这才是个问题。

认为客家肉丸好吃者,举出"捶圆"之说法。"捶圆"就是"肉圆",又称"波

手工牛肉丸(茉莉摄)

东江饭店附近建筑（潘应强绘）

东江饭店当年一款爽口牛肉丸，做好后往地板上一扔，可像乒乓球一样直窜天花板。

（敲）圆"。一般做法，都是肉切碎了再剁烂，然后调味，搅并挞至起胶，再然后用木棰捶，顾名思义真的就是"捶圆"。质量上已见功夫之烦琐，外观上更是以多样性取胜。与客家肉丸打交道，一不小心又是一副新面孔，其他地方应难出其右。

有客家厨师直言不讳：这个世界上，先有客家肉丸而后有潮州肉丸，不过客家菜不懂得像潮州菜那样宣传自己，以至于如今一说到好吃的、弹牙的肉丸，只会联想到"潮州"二字。

没有调查研究就没有发言权，我不敢就此去肯定或否定什么。但我发现，当自己在吃客家牛肉丸或猪肉丸时，如若不是事先知道其出处，是很容易与潮州肉丸混为一谈的。外观上看，两者似乎也没多大区别。

"弹牙"，是广府食家在口感评价上的一个专业术语。意谓做肉丸的事前工夫够不够，其"弹"感骗不了食家的"牙"。有更夸张的说法，说是一个够"弹牙"的肉丸，可以拿到乒乓球桌上当乒乓球来打，因为它"跌落桌上也会跳三跳"。难怪在有些地方，有谁笑称"打乒乓"，意思就是说要吃肉丸了。

曾服务于广州东江饭店的厨师陈炳，忆起东江饭店当年最受欢迎的客家菜，说还有一款够"弹牙"的东江爽口牛丸。他介绍道，当年店里收客家菜学徒，首先要过"捶圆"这一关，那学艺过程如同练打鼓一般，力度要匀，要使"阴力"，不打足20分钟不算完。做完后测试，肉丸往地板上一扔，功夫到家的真可以直窜天花板。陈炳说，所有过程，只为让肉丸出品既有嚼头也不打渣。

有食家告诉我，"捶圆"的历史其实可上溯两千年，未有东江饭店就已有"捶圆"了。此话怎讲？《礼记》列有食中八珍，第五珍"捣珍"之做法是："取牛、羊、麋、鹿、麇之肉，必脄。每物与牛若一，捶反侧之，去其饵，孰出之，去其皽，柔其肉。"也就是说，不同种类的肉搭配一起，反复捶打到软烂，去掉筋膜，烧熟之后再加酱料，即可食用了。此法在南北朝的《齐民要术》干脆称之为"跳丸炙"，因其弹性能跳起而得名。

天上月圆，人间"肉圆"，可谓圆缘相接。

正月十五闹元宵（何方摄）

丙村开锅肉丸配萝卜丸（茉莉摄）

肉丸做得好不好吃，拌肉丸的木薯粉是最大秘密。

古籍所记，分明就是"捶圆"。客家人的烹饪寄身于传统文化中一路传承下来，古老的饮食习俗也得以完整保留，这也说得上古风浓厚了。当然了，曾经食客盈门的广州东江饭店今已关门，要寻得最好吃的客家爽口牛丸，大家只能驱车远涉梅州，梅县丙村镇的肉丸可是一种最佳选择哦。丙村肉丸，主要是猪丸、牛丸、鲩丸三种，口感上爽、滑、鲜兼而有之。我在梅县行程匆匆，临别时才知晓有"丙村"这么一个品尝肉丸的好去处，只能留待下回再解馋了。据悉，丙村城镇大街小巷，到处都有卖肉丸的小摊小店，甚至还有走街过巷的肉丸担子。

丙村爽口肉丸好吃，开锅肉丸更好吃，非吃几回才算来过丙村。开锅肉丸妙在趁热吃，像吃热烘烘的酿豆腐一样，顺着胃到了肠还感觉烫，那才能吃出感觉。打听到开锅肉丸的具体做法：取干鱿鱼、香菇、虾米等用温开水泡半个钟，然后切成末，热锅炒熟备用；取五花肉切碎剁烂；再用木薯粉和以上材料加少许水混合，加胡椒粉、盐、鸡精、酱油等搅成团，在蒸盘里涂上少许油，把弄好的肉馅捏成一个个丸子放在锅里蒸12～15分钟，出锅之前撒一些胡椒粉、葱花或香草，味道会更鲜美。

丙村肉丸为什么特别好吃？除了趁热开锅或千捶百捏，有当地食家告诉我，秘密在于用以拌肉丸的木薯粉。木薯粉是做客家肉丸一般少不了的肉丸伴侣，而丙村土壤所栽种出的木薯又特别香、韧、滑，所磨出的粉自是与众不同。在我跑过的梅州一些地方，似乎是有客家肉丸就有木薯粉的出现，有的甚至是喧宾夺主，整个肉丸的主体就是木薯粉或者说那是用肉末调味的"木薯丸"才对。据说，调配适量的木薯粉，才是确保客家肉丸"弹牙"，可当乒乓球打的关键之处。说到这里，客家肉丸和潮州肉丸，"先有谁"的问题到底解决了没？

未解决。其实，该话题可以套用两句话解决，第一句，不争论；第二句，搁置争议，共同开发。

且看"冇粉控"

爱客家肉丸，不能不顺便爱上木薯粉。有人因此向我推荐，说应该跑一趟蕉岭，试试那里的鸭嬷丸。山塘水里长大的鸭，其肉剁烂了配上木薯粉，竟成当地一道独特的美食风景。

我想，木薯粉在客家肉丸中的大量出现，应符合历

客家人称丸子形状的食品为"圆子"。在传统社会，客家地区有一种"结婚大喜吃肉圆、生子三朝送肉圆"的习俗。直至今天，山区客家人仍然钟爱各种圆子，诸如鱼圆、猪肉圆、牛肉圆、香菇圆、冬笋圆、豆腐圆、萝卜圆、番薯圆之类，可以说数不胜数。"圆子"容易让人联想到"囡子之梦"或者"团圆"等美好愿望。

牛筋丸煲（茉莉摄）

史上客家民系在穷山瘦水中求生存的生活特质，肉不够，薯粉凑。不过，旅游美食家劳毅波却认为我观察得不透，或者说跑的地方太少，因为有种五华肉丸是不放木薯粉的。

"那家店子所做的五华肉丸，三个字可概括："冇粉控"。"劳毅波向我介绍的这家店，位处五华县华城镇，挂着"水寨民和肉丸店"的牌子。店主叫李化民，开店16年来什么都不做，一心只卖他的客家肉丸，现在一天最多时能卖出6 000多个肉丸。劳毅波那天去看其加工肉丸操作细节时先发问："这么好卖的弹牙爽口肉丸，有没有神秘的添加佐料？"

回答是："没有。"除了肉碎外，只见主人公往打浆机里撒了冰块、盐、味精三样材料。劳毅波赶紧又问："肉与冰的比例是多少？"对方憨厚地笑了，说："你这么厉害的，也猜到肉丸质感的关键了！冰少了，肉丸很韧实；冰多了，肉丸削软而不弹牙。我可以透露给你，但你不可以再告诉别人。"

凡事都有"商业秘密"，劳毅波向我转述时，聊到"比例问题"就以"呵呵"一笑取代了。他强调了该"冇粉控"肉丸所必须要走的十个步骤：选肉、剔肥、晾肉、碎肉、加冰、打浆、挖丸、定型、煮丸、风冷。原来，五华肉丸除了不加木薯粉，还不欢迎肥肉。据说肥肉被打烂成细脂之后，会阻碍高速运转的肉浆膨胀，并且煮滚了，汤水油腻，达不到清爽的口感。

与其他客家肉丸一样，"冇粉控"的五华肉丸有牛肉丸、牛筋丸、猪肉丸、鲩肉丸、猪肚丸等多个品种。劳

"圆"，是颇得后人研究的一种客家文化精髓。

双丸春菜苗（御信客家王提供）

毅波说他那天共吃了两大碗用葱花清汤煮的牛肉丸、猪肉丸、鲩肉丸，三种肉丸皆有天然的肉性，没有添加了粉浆的硬实；有弹牙的肉质，没有过分爽脆的疑惑；有鲜味的肉香，没有厚香的诱导。他听店主人讲："五华肉丸分别有三种烹饪方式的热加工，汤煮、干煎、爆炒。汤煮肉丸最能吃出鲜味，但要注意三点：骨头清汤底，煮丸不加盖、肉丸别膨胀。"

长知识了。舌尖虽不能至，就用所闻所感去充实我的肉丸文章吧。切不可以小看这小小肉丸，还有各地的贡丸、鱼丸、花枝丸等，都能让食客大开眼界。有一年我去江苏扬州，当地人推荐说最能代表扬州美食的名菜叫作狮子头，仰慕大名已久，及至一睹真容，不也就一坨肉丸吗？待入口即化的味蕾体验产生，才相信肉丸背后的世界很大很大。世事洞明皆学问，肉丸亦然。

名与实之间

客家肉丸，有的名叫肉丸，事实上也是肉丸；有的名叫肉丸，实际上却不是肉丸。此话怎解？

客家人居前的水塘，亦多呈半圆状。这种后靠山，前临水的居住地是大多数中国人最中意的。

名叫"肉丸"者，主要用料不一定是肉。

芋丸（御信客家王提供）

香芋

在一次次说是吃客家肉丸的过程中，有时候我发现丸里边似乎没有肉，但语言习惯上，它们统称叫肉丸，仿佛只要是圆的而名字就是一个个"肉丸"的构成主体。

比如说，芋丸。我在广州一家叫作御信客家王的酒家里认识了它，一个小铁锅盛着圆滚滚地堆满了"肉丸"，嚼之，满口却是香软的芋头味。据酒家经营者曾雪光介绍，这叫芋丸，做法是把香芋擦成丝状，先调味并蒸软了，再手工搓成一个个的丸状，再蒸，便可以加些肉丝、香菇丝的，用铁锅热了上桌。按我的理解，这应属于对芋头的全新解构，虽然本质上还是植物意义的芋头，但经这样丸状处理，已进入肉食感觉的新里程。

后来我又吃过一种芋丸，名字相同而口感完全不一样。事实上，在客家菜中，重名现象非常普遍，所以一个名字完全可以吃出十多二十种变化。我在梅县吃到的这款炸芋丸，外表酥脆而内里软香，下酒特别过瘾。我问了一下做法，说是要专门选当地产的白荷芋，擦丝后加入适量清水、精盐，也有再加入少量面粉，拌匀，用汤匙舀成丸状，放入油锅里炸至金黄色。这芋丸，炸好即可以吃，不必加芡汁或其他佐料再调味道。

至于萝卜丸，主料当然是萝卜，五花肉、虾米、冬菇等辅料也少不了。其做法是，萝卜擦丝，用沸水飞水，吸干水分，然后起锅，放入蒜花、虾米、五花肉等炒香，再放入萝卜丝，炒匀后放入木薯粉，用盐、胡椒粉调好味，挤成丸放入蒸笼，蒸好即可吃。味道清淡鲜甜，口感软滑爽脆，这样的美食很有农家菜的范儿。来自广州的我，自然而然地就找出平日爱吃的萝卜糕与之拉近距离，平心而论，就萝卜味的保鲜增值而言，客家萝卜丸显然更胜一筹。

清蒸萝卜丸（茉莉摄）

勺菜丸，值得向大家推荐一下。在梅县与之初见面时，一个个翡翠般的圆面孔，煞是可爱。勺菜为何物？在广州，它叫猪屟菜，据说以前人是不吃的，只种来喂猪，当然它还有其他名字，比如观达菜、叶菜、牛皮菜、厚皮菜等。但在梅州山区，它却是做丸子的上佳食材。那口感与味道，当然又是对猪屟菜全新解构的结果。譬如说此刻的我吃这丸子，吃着吃着就已分不清是肉是菜还是主食了。

萝卜

吃客家肉丸，也不要被名字所迷惑。以我在梅县松口新城炖鸡店所吃的一次为例，饭毕无事翻菜牌，见有一道菜叫杨梅丸，于是信口开河说自己最喜欢杨梅的酸甜味。带我寻味的当地人饶延志却发现我话有不对："你以为，杨梅丸就是用杨梅做的吗？"

"萝卜丸萝卜做，勺菜丸勺菜做，杨梅丸难道还会用猪肉或牛肉当主料不成？"居然，这回被我猜对了。

据介绍，杨梅丸就是用猪肉加牛肉剁烂了，拌入木薯粉和姜茸所做出来的，也有纯用猪五花肉或是纯用牛腩肉来剁，可加入少许萝卜丝吊出鲜味。也有不是蒸，而是用酥炸的方式，即放入油锅炸熟它。之所以叫这名字，是蒸好后的外形像杨梅，或者说外表满是小肉刺像杨梅。像吗？事后让他们拍了照片传给我，左看右看，无论是蒸是炸，仍觉得风马牛不相及。

左想右想，我还是想不明白名与实之间的关联，只能佩服客家人的联想力够丰富，只能埋怨自己的慧根很不够。

腌得好味

在冰箱还没有发明出来前，保存食物的最佳方式就是腌了，是用盐、糖、酱等浸渍食物的过程。腌着腌着，就发掘出食物的一种全新风味，"腌"于是成为又一道令人垂涎的烹饪方式。

在广府食谱里，腌并不少见（粤语发音中，"腌"读"ye"），最常见的一种腌料是醋，腌成之物有一个怪怪的名字叫"咸酸"。"咸酸"说的是反话，"甜酸"才是真实味道，诸如酸萝卜、酸荞头、酸黄瓜、酸木瓜、酸姜等，都是十分可口的开胃小食。

醋所腌出的最经典"甜酸"，应属"五柳菜"，糖作为补充腌料在分量上的增加，使之成就了"五柳鱼""五柳蛋"等经典广府菜。所以，糖也是广府食谱里不可忽略的腌料之一，所腌出的"冰花肉""糖冬瓜"等，口感全在一个"爽"字，是广式点心制作中经常要用到的好东西。

腌，按我的理解，就是一个改变存活环境的问题。近朱者赤，近墨者黑，靠山吃山的客家人爱做腌菜。

随时随地的腌菜心思

客家腌菜，常用的腌料，必须是盐。前面已经写过了，盐是上上味，无腌肉不香。勤奋的客家人普遍认为，多吃盐才会有力气，没盐就没味，"要想甜，放点盐""省了盐，酸了汤"，反映在腌菜的态度上，自是无盐不成腌。

有时候，只要你说到腌菜，客家人就会直接想到咸菜。大概，客家人非常注重咸菜的腌制过程，所以在没有特别说明的情况下，就笼统称之为腌菜了。客家人对腌菜的钟爱程度，可从其家里厨房里摆着些坛坛罐罐看出来。

腌酸荞头

腌得好味

只要一年四季都不缺咸菜，客家人对生活就已经持满意态度了。如果说，最早的腌菜是物资匮乏年代里的储存食物之需，那么，后来的客家人却"将错就错"，齐齐爱上了这"储存的味道"，以至于无腌不觉有菜味了。

常用作腌菜的材料，是芥菜。每当冬末春初时分，田里的芥菜准备抽心开花，农户们便忙着收菜了。一家老少齐上阵，齐头砍下芥菜头，洗净，铺开晾晒。待芥菜叶晾至有些枯软时，便可加粗盐进菜里，经搓擦至菜软盐溶，便可放入腌瓮。菜要多塞，塞满塞紧，还要压实，为保证"压力"，有些还要压上石头，然后盖好盖子。这样腌制的功力，令出水后的咸菜全腌泡在咸菜水里，确保不"露风"。

腌好了的咸菜，色泽金黄，十分诱人。像这样与水泡在一起所腌成的咸菜，也叫"水咸菜"，无论是生吃、炒着吃，还是放汤里煮，都十分"吊味"。故此，客家话中所说的"咸菜型"，指的就是脾气随和、与谁都合得来的人。

各处山村各处例，咸菜亦各有各的腌法。除了"水咸菜"，另有一种"干品"，必须让芥菜晒得比较干，擦盐入瓮后，整个瓮倒过来放，腌菜过程中所渍出的水便随时流出，这样腌出来的咸菜别具一种芳香。我吃过一种叫作"水渌菜"的，实际上也是腌菜，大概是制作中少不了用开水"渌"（也就是烫）这个环节，故有此说。我又听说，梅县石扇镇所产咸菜是腌菜中的上品。这种石扇腌菜，可以生吃，可以配菜，可炒，可煲汤。

客家话是这样说的，"咸菜猪油锅，脉介（什么）

腌牛百叶（刘刚摄）

客家咸菜腐竹（御信客家王提供）

梅县咸菜炒肉松（御信客家王提供）

捞得着"，诚如所言，腌菜与什么菜相配都"合味"，加五花腩肉一起炒吃来不腻，炒猪大肠更是下饭的开胃好菜。腌菜切碎了，还可用来炒饭，这种做法我试过，炒出来的米饭味道很是清爽。去客家人家里做客，也会遇上我最喜爱的老火靓汤，汤料居然也是腌菜煲猪骨。据介绍，这汤的功能是清润下火，并可以解酒解腻。

门前晒禾草（冼励强摄）

萝卜干也是客家人爱用盐腌的菜。山地里种大的萝卜，汁多而甘甜。腌制时选择冬春季节，拔出地里的萝卜，洗净了切成条状，盐腌后晒干了，可蒸可炒可煲汤。腌萝卜干最好的出品，据说是在大埔。我没去成大埔，下回去了，要多带些回来，这尤物兼具清热、解暑、消食作用。据说南洋客回到大埔，都指名要多带些腌萝卜干走。

纵观客家腌菜，一般最爱用的腌料都是盐。有些在盐的基础上，会加些五香粉、"十三香"等香料，让人吃了就上瘾。那些让人吃了还想回头再吃的客家咸鸡脚、客家咸鹅翅，据悉还会加入一些山里药材，而且各有各的祖传秘方，一般不会轻易告诉外人。我试过问他们，绕了三四遍反复再问，还是没问出答案。

而做酒所用的酒糟，也会被用到腌菜上来。我在梅县松口新城吃过一款腌牛百叶，带着酒香的肉质很鲜很开胃，怎么腌出来的？人家说，就是用酒糟、姜茸、红曲等几样腌料，提前一天晚上就开始腌制。循着腌的词义，我想这菜应不难做，难的是随时随地都有腌菜的心思。

河蚌咸菜汤（茉莉摄）

梅州街头炸芋圆的小店（茉莉摄）

白马非马，腌面非腌

腌菜全靠腌，腌面靠不靠腌？这是一个困惑了我好久的问题。事实却有如哲人的思辨：白马非马，腌面非腌。

中国面条的制作千变万化，你看武汉热干面、北京炸酱面、山西刀削面、兰州拉面、四川担担面、河南烩面、杭州片儿川、昆山奥灶面、镇江锅盖面和延吉冷面，入选了首届中国面条文化节的"中国十大面条"榜单。广州人看了笑了，居然没有云吞面，有冇搞错？梅州人看了也笑了，居然不知道腌面，搞面条文化节的人真懂得吃面条吗？

说老实话，去梅州之前，我也不知道腌面，就像对"杭州片儿川""昆山奥灶面"这些"十大面条"一样，也是首回听说。没有人只活一辈子能把神州大地好吃的面条都尝遍。

晨起走在梅州街头，我自然而然就认识了腌面，因为那是梅州人百吃不厌的早点。当地有个说法，叫"开间腌面店，可管一家饱"，表明这种店子是历久不衰的创业好门路。久闻大名，刚吃一口腌面时，我还在想：不就是生面条煮熟了不放汤，然后捞拌以佐料的吃法吗？一边想着，我一边仔细端详碗里的面，与自己小时候在广州街头面铺爱吃的蚝油捞面做对比，想找一找区别有多大？陪我吃早点的刘刚提醒我，吃到猪油的香味没？那才是重点！据他陈述，生于穷山瘦水的客家人自小肚子里缺油水，腌面的面粉香和猪油香，就成了每天起床后的第一期盼。当然了，还有炸成金黄色的蒜茸，一点点翠绿色的葱花，连同爆香的猪油，是构成一碗腌面的

腌面（御信客家王提供）

在客家人的饮食辞典里，"酿"字有两解，"腌"字也是。

必不可少的"三剑客"。

山地里的好食物不显山不露水，却能迅速征服人的味蕾。且慢且慢，我得好好回顾，这腌面到底是怎么腌制的？"腌"又是在其过程的哪个环节具体展现的？锅里水煮开了，生面放进开水里烫熟，一般三四十秒钟就可以捞起了，过凉水后沥干水，盛到大碗里，拌上猪油、蒜茸和葱花，再淋以煎香了的鱼露，有些还要洒几颗炒香了的芝麻。前面的步骤由厨师来做，接下来还得由食客自己来完成"三部曲"：用筷子从上至下、从外到里，把面拌匀；趁热，大口大口地吃，这才不觉腻；吃后毋忘喝一杯浓涩的绿茶。

那么，到底哪个环节才属于"腌"？就这问题我问过好几个梅州当地人，人家笑了：问那么仔细干什么？吃你的腌面去！

亦有当地人告诉我，"捞"和"拌"的动作，在客家话的发音里就是"腌"。此"腌"，非彼腌。

有些问题，也许是不应该寻求答案的。当然了，好吃的腌面，往往还要配一碗三及第汤或是肉丸汤。为什么非要有这个搭配，似乎也没有人能告诉我。反正，一代又一代客家人，都爱这样搭配着吃。

一碗颜色金黄，味道爽口香滑的腌面，正如简单朴实的客家人一样，虽样子普通，却能令人回味无穷，这本身就够神奇了。我听说，但凡从梅州出去的游子，返乡的第一件事都是要寻味腌面。一份百吃不厌的早餐，既传承着世代客家民系的生活特色，也成就了海外客家游子思乡的深深眷恋，哪里找去？

如果是新安（今深圳宝安区）客家人，要寻觅的家乡口味会是新安盆菜。所谓"盆菜"，是用大铜盆或大木盆盛放的杂锦拼菜，从底往上逐层放置萝卜、白菜、烧肉、竹笋、蚝豉、卤鹅、炸鱼、乳猪、白切鸡等。一桌子食客共吃一盆菜，寓意团圆、祥瑞。

三及第煲枸杞叶（御信客家王提供）

人杰食灵文人菜

唐 张九龄
创制四喜丸子、凉茶

北宋 苏东坡
创制东坡肉

南宋 文天祥
创制文山鸡丁

清 戴衢亨
创制荷包胙

清 伊秉绶
创制伊府面

柒

名流篇

人杰食灵『文人菜』

不是猛龙不过江。客家人历史上一路漂泊，能来山里落脚的，都是人中英杰。地灵人杰，这话用在客家地区应该是"山灵人杰"。人杰，食亦灵。最为后人所津津乐道的，就是"文人菜"的出现。

食、色，性也。自古文人多风流，好色好食两不误。清代大学问家袁枚，还撰写了《随园食单》这样的食经，去讲述自己的饮食主张。至于客家地区，不光盛产文人，也吸引文人。所谓文人，诗词歌赋琴棋书画自是样样了得，也都爱赏风赏月赏美食，赏多了也会自创一两款爱吃的菜肴，烹饪难免也当成文学艺术一样看待，"文人菜"的出现也就一点都不奇怪。

古语云：食有三品，上品会吃，中品好吃，下品能吃。能吃缘于肠胃好，好吃本是人的天性，会吃者则在吃的过程中能升华到至臻境界。会吃且读多了几本书，便"吃出文化"来了。客家人是颠沛流离的命，"能吃""好吃"皆随命而来，抓住有可能吃的机会，"会吃"的基因便上位了。

经得起"文化"的推敲

过生日，总要吃伊面。有谁知，这一旨在祈福长寿风行全国的的饮食习惯，竟是源自广东客家地区、出自客家文人之手？

他叫伊秉绶，福建客家人，因出生长大在福建汀州而被称为"伊汀州"。后人知道他，多因为他的学问。清朝嘉庆年间，他被派到广东任职惠州太守，其间结识了另一位同样才气四溢的出生成长于梅县的客家人宋湘，两人联手在惠州创办的丰湖书院，是闻名遐迩的广东四

丘逢甲（1864—1912年），祖籍梅州焦岭，是我国近代爱国保台志士、著名诗人、杰出教育家。

丘逢甲纪念像（冼励强摄）

丘逢甲故居（冼励强摄）

大书院之一。

却说太守大人每日忙罢公务，最热衷的一件事就是广邀文人墨客，到自己家中雅集。每天吟咏唱和至夜深，消夜自是免不了的事情。家中厨师终有一天悄悄诉苦，说人多时会忙不过来。伊秉绶一时手痒，便走进厨房，教厨师用精面粉加鸡蛋掺水和匀，再反复搓拉，制成面条后，用清水煮沸，取起晾干后卷曲成团，入锅用净花生油炸至金黄后捞起。他告诉厨师，这些炸鸡蛋面条可储存备用，以后再有客人来了，只需放到汤中再煮煮，就可以端上餐桌了。没想到的是，但凡吃过这种面条者，都像吃上了瘾似的。

丘逢甲故居坐落在蕉岭县文福镇淡定村（今逢甲村）。建于清光绪二十二年（1896）秋，共计55间2堂，面积1800多平方米，是一幢坐西朝东两堂四行，中轴对称，后面半圆形围屋与前面的5个门楼形成封闭整体的客家围屋。

伊秉绶始创这款后来家喻户晓的美食时，其实用的完全是典型客家人的思维，只为了更方便储放食物。却说有一回，受太守嘱托已任丰湖书院山长的宋湘也尝了面条，不禁问道："秉绶兄，如此美食，小弟从未品尝过，请问此面叫甚名字，如何烹饪？"伊秉绶遂叫出厨师解答。宋湘听罢厨师介绍，马上感叹："如此美食，竟无芳名，未免委屈。不若取名'伊府面'如何？"伊秉绶马上鼓掌叫好。

之后，伊秉绶调到扬州当知府，公务繁忙中忽想起老母亲寿诞将及，便星夜兼程赶到宁化老家。是日见来祝寿的人多，他又让厨师张罗起"伊府面"，客人们一吃，个个赞不绝口，都说是这辈子所吃过的最好寿面。一时高兴，伊知府还向满座宾客公布该神奇寿面的独特做法。"伊府面"的名字与做法于是就传开了，久而久之，"伊府面"又被简称为"伊面"。

几百年后的今天，现代工业生产线所加工生产的"快速面"（也叫"方便面"），包装盒（袋）上常会冠名"即食伊面"，显然已把伊面当成了其产品的鼻祖。其实伊面真要拿来贺寿、真要吃出好味道，还是要遵循手工制作的原则，鸡蛋尤其不能少，并按照一斤面粉四只鸡蛋的比例调制——据说这就是客家人伊秉绶当年在母亲寿宴上所正式公布的家传秘方。

寿宴普遍讲究吃伊面，婚宴上，有些地方必吃四喜丸子。一盘四颗，炸红烧透，浇了芡汁，圆亮光泽，有说法认为四颗丸子代表着福、禄、寿、财"四喜圆满"，故又称之为"四喜"。追根究底，这道名菜原来又出自

伊面，中国人寿宴上的长寿面

家喻户晓的伊面，其始创完全出于客家人的典型思维。

宋湘故居（冼励强摄）

一个广东客家人之手，而且是有广东客家民系以来为官职务最高的一个。

他叫张九龄，韶州曲江人（今广东韶关），循着读书做官的路径，这位客家人一步一个台阶，在唐玄宗年间坐上宰相高位。虽位高权重，忙碌于朝野，但这位宰相却不忘写诗，为中华文学殿堂作了不少贡献。如果说今天有人不知道他的名字，却不可能没感叹过"海上生明月，天涯共此时"的千古传诵佳句，就是出自他的《望月怀远》。作为唐朝一代名相，风度文章堪称当朝之楷模，时人谓之"当年唐室无双士，自古南天第一人"。

却说那一年张九龄喜上加喜，赶考高中后又得主考官以女儿相许，婚礼前又闻失散多日的父母终于找到。做什么菜款待来京相会的父母亲呢？府里的厨师是客家老乡，立马想到的还是自己最擅长的客家肉丸，剁了猪肉、拌好

宋湘(1756—1826)，嘉庆年间进士，在云南为官13年，后升任湖北督粮道。曾著诗："今日之东，明日之西，青山送送，绿水悠悠。走不尽楚峡秦关，填不满心潭欲壑。力令项羽，智令曹操，乌江赤壁空烦恼！忙什么？请诸君静坐片时，把寸心思前想后，得安闲处且安闲，莫教春秋佳日过。这条路来，那条路去，风尘仆仆，驿站迢迢。带不去白璧黄金，留不住朱颜皓齿。富若石崇，贵若杨素，绿珠红拂终成梦。恨怎的？劝你解下数文，沽一壶猜三度四，遇畅饮时须畅饮，最难风雨故人来。"

罗汉果

张九龄（678—740），唐代诗人。唐玄宗开元时历任中书侍郎、同中书门下平章事、中书令，唐代有名的贤相。他的五言古诗，以素练质朴的语言，寄托深远的人生慨望，被誉为"岭南第一人"。曾著《望月怀远》，传诵久远。

"海上生明月，天涯共此时。情人怨遥夜，竟夕起相思。灭烛怜光满，披衣觉露滋。不堪盈手赠，还寝梦佳期。"

馅，挤成丸子、开了油锅就炸，再烧锅下油放了葱段、姜片、八角、花椒粒、桂皮等起锅，加入水、酱油、盐和少量白糖，改小火慢煮炸好的大肉丸，约半小时后调芡上碟，成了。

这个，正是张九龄平常最爱吃的家乡菜，名字却一直没有取。厨师看碟子里正好盛放四个肉丸，就说："不如叫'四圆'吧！"他越说越得意："一圆老爷高中状'圆'（元），二圆老爷阖家团'圆'，三圆老爷完婚成了家'圆'（园），四圆老爷'圆'（缘）了东床快婿。"好话人人都爱听，张九龄大喜："'四圆'不如'四喜'更直接、更好听，以后我爱吃的这道客家肉丸干脆就叫作'四喜丸子'！"

张九龄取名的这道私房菜，很快就传开了，大家争相仿效。到了1 000多年后的今天，四喜丸子已不是为客家菜所独有。不过，人们一旦提到张九龄的名字，还会马上想到一款饮品，那就是"张九龄"凉茶了。却道，张九龄有次返故里时，亦曾患上瘴疠，于是每日喝两碗用金银花、淡竹叶、罗汉果、甘草等草药熬制的凉茶，得以好转。后人为纪念他，就把这种凉茶冠上他的名字。古方记载道："张九龄"凉茶具有泻火解毒、凉血利咽的功效，适用于口舌生疮、咽喉肿痛、心烦。

要就不做菜，一做则举座皆惊喜，这就是客家"文人菜"的精彩。"文人菜"不以多取胜，一旦接触，你就永远忘不了它了。赣州客家人爱吃一种"文山鸡丁"，那源自南宋时曾任赣州知州的文天祥所主持制作的笋炒鸡丁。清朝乾隆年间，赣南又出了个状元郎戴衢亨，因为他尝试做过一款用荷叶包裹着的排骨和米粉美食，家乡人于是称之为"状元菜"，又名"荷包胙"。诸如此类，纵观多少名菜，因有了好吃会吃的文化人，总在不断丰富着饮食文化的内涵。

客家地区的文人，自产也好外来也罢，似乎总爱走上为官之道。但爱美食与官职不发生任何关系，只与文人气质紧密相连、随时相通。重要的是，"文人菜"一般都有很高的文化品位，经得起"文化"二字的推敲。因为"文化"，亦经得起时间的磨洗，经历久远仍为世人所津津乐道。

一个名字撑起一个系列品牌

他，在广东留下过不少足迹与墨迹。一句"日啖荔枝三百颗，不辞长做岭南人"，在提升了荔枝的文化品位同时，也定位了"来广东重在吃好"的做人方向。没错，他是当之无愧"文人菜"的第一号标志性人物，号"东坡居士"的北宋大文豪苏轼。

他，是客家人吗？用今天人们的评定眼光，定义为"新客家人"也合适。在仕途上，这位大才子可谓是一生失意，多次被贬南下，其足迹涉及广东惠州、清远等客家地区。回到衣食起居中，他又十分得意。重要的是，岭南这方客家土地，成就了挖掘其美食细胞的最佳氛围，还提供着任其恣意发挥的大量优质食材。

苏东坡最招牌的自创美食，就是一路流传至今的东坡肉了。以他的名气，地方官员与富商哪个不以能请到他赴宴为荣？但是，美食基因爆棚的他，偏爱独自寻找从未吃过的美食，找不到也宁愿自己绞尽脑汁把好吃的菜肴做出来。他曾吟咏《食猪肉诗》，一句"慢着火，

文天祥（1236—1283），民族英雄、爱国将领、著名诗人。1275年初，文天祥起兵抗元。出发前举办了壮行酒宴，文天祥亲自下厨。其中一道菜为笋炒鸡丁，制作程序：先将鸡肉、竹笋分别切成丁状，后将鸡丁用蛋清、淮山粉拌匀挂浆入油锅速炒起锅，再将笋丁和香葱加料酒、鲜汤、精盐等炒至六成熟，最后倒入鸡丁翻炒即成。客家人为了纪念他，把笋炒鸡丁取名叫"文山鸡丁"。

客家红烧肉是在东坡肉的基础上发展起来的，各地制作方法不尽相同。以武平城关为例：取重约一斤的三花肉若干块，投入铁锅中煮，"慢着火，少着水"，到了用筷子轻轻一戳，能穿透猪皮，即捞起沥干水，稍凉，以蜂蜜搽猪皮。然后注少许油入锅中，加白糖，等糖与油冒泡，放入猪肉，翻转，呈赤色时夹起；再一次起锅，油沸时，再投入猪肉炙之，等猪皮炸酥时，捞起放入缸中，撒上盐贮存。

食用时，或切成块状，装入碗，佐以香菇、冬笋（笋干亦可）、酱油、蒜白等；或切成片状，装入碟中，碟底放菜干，猪皮朝上，排列整齐，加适当佐料，放蒸笼或锅中蒸至酥烂为止。

东坡肉（御信客家王提供）

少着水，火候足时他自美"，已见研究功力。他妙手烹制的东坡肉，色泽红亮、味醇汁浓、香糯而不腻口，独领猪肉烹饪的千年风骚。东坡肉是在哪里所创？徐州、黄州、杭州等带"州"的地名，都流传着有关说法。惠州也"州"，东坡肉的美味烙印也烙下来了。

人们也许不知道，擅做肉食的苏东坡，其实也爱素食。饮食上追求尽善尽美的他，餐桌上会精心考虑猪肉和蔬菜的合理搭配，对入厨的每样食材更是会非常挑剔，苏东城尽管多次被贬，但他绝不降低饮食质量，每被贬到一地都要辟地种菜，丰富三餐菜肴，绝不糟蹋自己的肠胃。被贬岭南时，他曾两次暂住清远，屋前屋后，种瓜种豆。据民间流传，他在清远的菜园子里特别种下了几样最爱吃的素菜：枸杞、甘菊、巢菜和菖蒲。

那时的村民也追星，大文豪爱吃的菜肯定错不了，于是竞相跟风种植，上述素菜由此风靡起来。村民们所养的鸡，也托此福，捎带着吃上了这些素菜，结果肉质特别嫩滑更兼皮爽骨香。"三黄"（脚黄、嘴黄、皮黄）"二细"（头细、骨细）"一麻"（毛色麻黄）的清远鸡，后来征服了众多的食客，是不是与苏东坡当年菜园子里的产品所参与的食物链有直接关系，似乎值得进一步发掘研究。

"一自东坡谪南海，天下不敢小惠州"，当一代大才子被贬惠州，而且是携一生中最重要的红颜知己王朝云而来，"东坡菜"若不频繁创新，都很难说得过去了。却说苏东坡来到惠州，在与客家厨师探讨厨艺过程中，觉得客家红焖肉真是一种了不起的烹饪方法，更觉得客家人对烹饪舍得花时间的态度值得发扬光大。在东坡肉的基础上，他不断注入创新元素，与客家梅菜巧妙配搭的东坡扣肉、旨在突出口感层次的东坡腿等，不断丰富着东江菜系的肉香味。

泰安楼（冼励强摄）

大才子所创制的东坡菜系列，用料都极为普通，用今人的话来说"都是些农家菜"，这既与他人生坎坷、穷困潦倒因而购买力不强有关，更缘于被贬南下时所打交道的客家百姓在生活态度上对他的较大影响。这些菜在总体上给人的感觉，不但丝毫没有小家子气，反显得豪迈而大气，这又与他为诗作文的率真、豪放、旷达是一脉相通的。文如其人，菜也如其人。

泰安楼外墙（冼励强摄）

一个东坡名字，就这样撑起了一个"东坡菜"系列品牌。直到今天，人们仍常常会把东江菜与东坡菜混为一谈，分不清就分不清吧，正如说不清苏东坡到底算不算是客家人一般。

泰安楼建于清乾隆年间，是国内极为少见的石方楼。楼内以祖堂为中心的"祖功宗德"横匾，显示了客家人敬祖的思想和对传统的依恋，这种供大家族聚居的建筑亦体现了客家人的族群意识。

客地祥本

捌

地标篇

客地样本

客家聚居地山脉众多，在粤东北就有阴那山脉、项山山脉、凤凰山脉、释迦山脉等，高峻延绵的山脉和低矮起伏的丘陵地带交错，形成了大小不等的盆地。客家民系的聚居以山地为主，亦夹以河床谷地，先民从北方一路南迁，逐渐形成了与当地人文地理相适应的饮食经验和烹饪技艺，但求人居合一。

山脉逶迤，串联着高低错落、各有不同的客家村落和古镇，地域不同、山势不同，自然生态也不尽相同。客家饮食文化的独特魅力，正在于题材多样而内容丰富、魅力各异。若是有缘，深入崇山峻岭近距离接触这些美食，自会领略到客家民系在精神、道德、情操、伦理、品格等方面的不同切面。

客家文化生态的地域差异，本来就是个客观存在。这本书一路读下来，可能你已感觉到了：靠山吃山，要品尝到最好吃的客家美食，只能深入到不同的山地去吃。离开客家民系所依附的山山水水，你所吃到的客家菜肯定是会走样的。平平常常只一样客家酿豆腐，踏遍一百座青山，你就会尝出一百种"山""水"味道。

彭寨镇："庖丁"不是一日炼成的

据说，东西方文化的最大分歧，是看选择牛肉还是猪肉为主要肉食。但再爱吃猪肉的东方人，也不会排斥被西厨称之为"肉食之王"的牛肉。

客家人当然也爱牛肉，但你又是否知道，最好吃的客家牛肉在哪里呢？黄山归来不看山，彭寨归来不说牛。简言之，但凡去过和平县彭寨镇的人，都可以自我炫耀一番：天底下难道还有比彭寨更精彩的牛宴吗？

山地放养的黄牛

客家人收获的季节（茉莉摄）

　　我没去过彭寨，当然没什么好炫耀的，却因某位河源人的推介而至今魂牵梦绕。他是这样说的："都说我们河源地区有个彭寨的牛特别好吃，我却没吃过，下回结伴一起去！"不差钱但老是忙于工作的这个河源人，居然都没去吃过，那在我这儿，彭寨的牛宴，不就只是一个传说吗？

　　权当传说，且把传闻说一说。彭寨镇，始建于明朝万历年间，今位于河源市和平县东南部，属低山丘陵区。走在彭寨镇的大街小巷，随处可见一座座颇具客家民系传统特色的围屋，诸如新围、老围、上围、下围、田心围、高山围、寨下围、军屯围、十聚围、永康围、牛角围等皆保存尚好。据了解，这种始建于400多年前的客家围屋尚存近30幢。众多的围屋，见证着古镇的荣耀，更见证着客家民系在南粤山地的生息繁衍。

　　客家人继承了中原烹法，又吸收了南方土著的技法，除了善用水烹、油烹、汽烹、火烹外，还精于古老的石烹（如砂炒烫皮、花生、栗子等）、竹烹（如竹筒饭、竹筒豆、竹筒排骨、竹筒杂烩等），并首创了盐烹（传统的东江盐焗鸡就是将鸡埋在烧热的盐中使之焖烙而熟）。

过节时围屋里喜庆的客家人（何方摄）

围屋是客家文化中著名的民居建筑，有圆形、方形、椭圆形等不同类型。围屋不但保证血统至亲能够几代同堂，而且把生活起居、辅助劳动和饲养加工等统一在住宅内部，各部分又互不干扰，同时还兼顾了安全保卫功能。

围屋内外，尽是爱吃牛、擅吃牛的幸福人家，只因这里有着客家美食第一绝：全牛宴。牛身体所有固定部位，除了牛毛、牛齿，全都可以入膳。你只要看中了牛身上的任一部位，当地厨师便会尝试着用不同的烹饪手法，做出让你满意的多种多样的牛菜式。"庖丁为文惠君解牛，手之所触，肩之所倚，足之所履，膝之所踦，砉然响然，奏刀騞然，莫不中音。合于《桑林》之舞，乃中《经首》之会。"《庄子》笔下"游刃必有余"的这位解牛"庖丁"，如果今天还有传人，那肯定是在彭寨镇。因为"全牛宴"，彭寨并不缺乏擅解牛、能烹牛、身怀绝技的老师傅。

这"全牛宴"，确是彭寨镇一绝。庞大一头牛，先从哪下口？若是胃口小者，先尝牛头，再嚼牛尾，首尾相顾，可谓"有头有尾"。烹饪好的牛头，视觉上就很有一种"牛气哄哄"的冲击力，牛肉中最嫩滑的部分就寄生在这里。牛尾可红烧可清炖，吃这道菜主旨是要领略口感最好的那部分牛皮，因为最优质的胶原蛋白也就贮藏在牛尾巴的表皮层里。

若嫌没吃够，多汁兼有嚼头的各款牛排，肯定不能错过，或卤制或红烧，均能食出独特味道。然后可以点一款牛骨腩羹，放有香菜、枸杞、蛋黄等配料的汤汁，味道醇厚而富有营养。至于铁板牛腩，加上洋葱、蒜头、青椒等各种调料，那诱人的香味还未上桌已引人垂涎。炖牛鞭据说是"全牛宴"中最珍贵的一道菜，制作时加入党参、枸杞等滋补食材，配上客家黄酒用慢火炖制而成。

寻味到彭寨，你就是只点一大盘"牛骨肉"，其实足以吃得非常过瘾。牛骨头洗净后用文火慢炖4个小时左右，过程中不必添加任何佐料和食材。吃这个肉不能斯文，用手直接拿起骨头就啃，这才能融进当地人吃牛的真情趣中。骨头上的肉吃完后，骨髓方为最精华部分，用吸管吸食的过程中，一种浓厚的香味会久久回荡在你的齿颊间。

肉香仍未散，当地人已在告诉你，全牛餐饮是很理想的绿色食品，饱口福的同时又能滋补身体。牛肉属温性食物，不但补阳，而且温补脾胃、增热御寒，很适合山地劳作的客家人作为营养补充。从营养学的角度来看，牛肉的特点是蛋白质含量高，脂肪含量较少而且纤维较粗，其含有的脂溶性维生素较高，易被身体吸收，同时含铁元素，还是贫血者的补铁佳品。

或问：彭寨镇的牛宴为何那么好吃？借用一位餐饮经营者的话："我们用的都是本镇在山地放养的土黄牛，肉味好，口感滑。"有意思的是，这些牛宴餐饮都是家庭式手工作坊，各有各的家传制作方法，而且都是秘不外传。

客家人的精神，有人认为最具特点的是"硬颈精神"，不管多少艰辛苦楚，无论几多挫折委屈，靠着"硬颈"就什么都能做成。更有人认为，客家人之所以"硬颈"，或多或少是受老黄牛精神的影响。"

牛肉菜肴（御信客家王提供）

如果你再问：彭寨镇的客家人为何那么喜欢牛宴，为何孕育了那么多擅解牛的"庖丁"？答案是：彭寨多牛，皆因它与船塘距离不到 50 公里，而船塘是全省最大的三个牛交易市场之一，很多牛都是从船塘那边过来的。

彭寨自古就是粤东北的经济中心之一，也是重要的商品集散地。当年彭寨隶属龙川县管辖时，屯围、马塘围、田心围等处均驻有军队，为解决军需，需要让平民百姓将多余的农副产品拿到市场上来进行交换。最早的街场，建于明朝嘉靖年间，所选场址水路发达，有河流直贯西部的船塘牛墟，是个四通八达的好地方。当年建彭寨街后就有"五街""九行"之称，有店铺上百间之多，每到墟日，附近各镇甚至船塘都有人前来赶集。

解牛"庖丁"，不是一日炼成的。

百侯镇：孝心食品薄与甜

不到长城非好汉，不到百侯不知薄饼好。

百侯是大埔县的一个镇，古称"白侯（墣）"，其名最早见于南宋开禧元年（1205）摩崖石刻"白侯洞里号神仙，一带江山几百年"。大埔又有"客家美食之都"的美誉，品种丰富的粄食，基本都集中在大埔。大埔各镇，各有自己个性化的招牌美食，百侯镇的百侯薄饼堪称薄饼中的精品。

薄饼薄饼，其精妙之处，全在一"薄"。听当地人介绍，薄饼的制作过程，十分细致，其间要经过和、拌、抓、提、抛、包、卷等流程。和面是最为讲究的第一道工序，师傅开面后，要不停地顺着一个方向搅拌，使之成为浆状面筋。拌好的浆状面筋，再用力抓起，用力抛在平底镊上，

客家人"一日三餐之中，中上层的家庭，早、中两次吃干饭，晚上吃粥。或者，早晚两次吃粥，中午吃干饭……但是，客家人吃的是饙粥，不是稀饭。"因为客家人要干体力活；南迁的逃亡生活，经常受到当地土著歧视、袭击的威胁，在这种严酷环境下所形成的生活智慧，派生出只以干饭为主食形态的生活方式。以干饭为主食，在携带、保存上都比较方便。

客家人赶墟（何方摄）

然后迅速提起，使平底镬上粘上一层薄薄的面筋，之后，便可煎出薄如蝉翼的面皮。

面皮煎好后，还要包入豆芽、肉丝、香菇丝、豆腐干、鱿鱼丝、虾米、蒜白等所煮成的馅料，卷成长筒形，便成大名鼎鼎的百侯薄饼。即包即吃，才会吃出感觉，才能吃出真味。那色泽金黄的卖相，那柔软滑润的口感，皮薄而馅香，味美而不腻，绝非浪得虚名。

代表着孝心的薄饼

得说说百侯镇了，百侯百侯，镇里可曾出了一百位诸侯？

当地人会告诉你，此话不妨当真。百侯镇人杰地灵、文风鼎盛，素有"干部之乡"之说。要知道，客家人住在山里，想要出人头地，要不就考取功名，要不就出洋经商。于百侯镇的人来说，读书当官的路径似乎特别明确，这除了天生聪慧，勤奋是更重要的事情。读书需要互动氛围，需要目标激励，"百侯"这个地名似乎已包括了一切。

虾米

怕你不明白，当地人还会告诉你"一腹三翰院"的故事。话说清朝乾隆年间，有位姓饶的大埔妇人坐轿去江西某县看当官的儿子，途经一座桥，见有石碑刻着"文官下轿，武官下马"字样，便问缘故，当地人说这个地方出过两个宰相、九个状元，所以要表示敬重啊。姓饶的老人家笑了，指指河："隔河两宰相，十里九状元，还不及我一腹三翰院！"

必须交代，老人家的儿子，名叫杨缵绪。杨缵绪与弟弟杨黼时、杨演时，个个读书了得，分别在清朝康熙、雍正、乾隆年间考取了进士，并且都成为翰林院大学士。百侯镇作为读书福地，出了"一腹三翰院"，何以又是美食胜地？比如说，百侯特色食品百侯薄饼，与百侯镇所培养出来的官员有没有关系？

答案是有关系的。百侯人为此会继续向你讲述杨缵绪的故事。杨缵绪是个孝子，任职陕西按察使期间的某年回乡给老母亲祝寿，顺道带回侍从家厨帮忙做寿宴。家厨做出了薄饼、豆子羹、绿豆粄、蕨粉粄等四样小食，杨缵绪的母亲都很喜欢吃，其中又特别偏爱薄饼。孝子要离家返陕了，为确保慈母能随时吃到薄饼，决定把侍从家厨留下来，顺便也把做薄饼的手艺传授给家乡父老。

如你所猜，按察使府上的这款专享薄饼，因为孝心传递，从此就在大埔县百侯镇发扬光大，也就有了个"百侯"的名字。孕育了三个翰林以及百侯薄饼的杨缵绪故居，今天仍在，这栋已有200多年的砖土木结构，坐南向北，为标准的三堂九厅十八井客家府第式建筑。

百侯镇的美食，当然不只百侯薄饼这一款。比如还有鸭松羹，逢年过节，或来了客人，当地人总要端上这一款古老的甜品，以表敬意。我在大埔人开的餐馆尝过这鸭松羹，口感香甜柔滑，有不同层次感的果仁香。问其做法，说是要备齐农家薯粉、瓜丁、陈皮、花生、芝麻、生姜、猪油、酥糖、红糖等原料，先将薯粉放镬中慢火干炒至熟透，取出用筛子筛过，再将镬烧热，用猪油爆香姜蓉，然后加水并放红糖、瓜丁等物，煮成糖浆后缓慢而均匀地放入筛过的熟薯粉，顺势不停地用铲反复搅拌，直到凝结成羹状。

杨缵绪故居牌匾（冼励强摄）

杨缵绪故居（冼励强摄）

之所以说鸭松羹很古老，皆因谁也说不上是哪一朝代的事，总之是先人迁徙到这里就有得吃了。查阅历史资料，古人很早以前就以木薯、山药、芋头这些含淀粉较多的原料为主体，配以其他果类制成甜羹类食品了。南宋诗人陆游曾烹饪甜羹，并数番写诗吟咏，这款羹菜从而注入了名人印记，时称"陆游甜羹"。《剑南诗稿》卷廿三记有陆游的《甜羹》诗题，题中这样写道："以菘菜、山芋、莱菔杂为之，不施醯酱，山庖珍烹也"。显然，鸭松羹是可以追溯到中原祖先那里去的，何以不叫"陆游甜羹"呢？

那鸭松羹又何有"鸭松"之名呢？有人说，这道甜品最早就是用鸭汤来调配的。也有人说，其名字来由，与很早很早以前一个名叫阿松的养鸭户有关。阿松的父亲爱吃甜食，年迈齿衰后，一心尽孝的阿松绞尽脑汁研制了这款香软可口的甜羹。两父子吃甜羹吃得开心，其他人看着也开心，于是竞相仿效。阿松被人称"鸭松"，那奉献孝心的甜羹便有此名了。

看来，"干部之乡"的特有美食，尽皆缘系孝德。百行孝为先，这样一种美食文化所熏陶出来的干部，德行上应该比较靠谱。走出百侯镇，你根本就吃不到百侯薄饼；不过，走在大埔县境内，你照样能吃到鸭松羹。

当年杨按察使的侍从家厨，何以没把薄饼技艺传授到百侯镇外，这个有待考究；而大埔人何以特别擅长做鸭松羹、算盘子等各种各样的粄食，这个同样有待考究。

松口镇：下南洋的"美食驱动力"

自古美食从口入——这话是我说的，菜肴美不美，舌

做鸭松羹，要备齐好多配料。

陈皮

花生

木薯

芝麻

尖最有发言权。

自古山歌松（从）口出——这话由歌手刘三妹所说，地球上的客家人都知道。

松口镇位处梅县，建镇于南汉乾和三年（945），明清时期已经是嘉应州（梅州）最繁华的乡镇之一，人口密度和商业繁华程度远远超过了嘉应州（梅州）其他乡镇，经济发达也就带旺了山歌文化。当我来到这个古老的山歌之乡，才知这里亦是颇有特点的华侨之乡兼美食之乡。

下南洋是客家人的宿命，历史上的梅县人都爱往海的方向跑，其中又以松口古镇为甚。有一句话叫"松口不认州"，说的就是从松口出去的华侨特别多，他们寄信回家乡时只要在信封写上"中国松口"，邮差一看都能省略其所属的州和县，准确投送到目的地。据统计，现在旅居于世界各地的松口籍华侨有8万多人，比在乡人口还要多。

第一个下南洋的客家人，据记载就出自松口。此事可追溯至南宋景炎二年（1277），元军大举入侵，宋朝

客家人在海外主要分布在东南亚的泰国、马来西亚、印尼、新加坡，东亚的日本、朝鲜，美洲的美国、加拿大、巴西，欧洲的英国、法国、荷兰、比利时、卢森堡、德国和奥地利等80多个国家和地区。

丞相文天祥来到梅州地区举兵勤王，松口卓氏家族八百壮士自愿参战，最终不敌凶猛的元军。卓氏子弟只余下一个名叫卓谋的，乘坐木筏仓皇出逃，一直漂流到婆罗洲（今印度尼西亚西加里曼丹岛）定居。现婆罗洲北岸还留有一座中国式城堡废址，就是当年卓谋在此开垦荒地、再创家园的遗迹。

当地文化人饶延志告诉我，松口传统特色美食，以适应漂洋过海为最大特点。看来，我的寻访，还是要从客家人下南洋的足迹开始。当地歌手陈善宝引我来到繁荣路，临江数百间店铺所组成的这一古镇主街道，已让我感受到当年这里顾名思义是一方"繁荣之地"。寻到一处四层高的洋楼，阳台外墙牌匾尚有一行醒目的英文字样：HOTEL TSUNG KTHN，译成中文叫"松江旅社"。这是梅州地区最早、最大的旅店，当年华侨出洋谋生或归国返乡，多在松江旅社投宿。松江旅社正对着的下梯级处，就是火船码头了。

据介绍，松口港曾是广东省内河的第二大港口，是

松口镇的居民姓氏众多，据1985年的户籍册统计，全镇人口（不包括农村人口）13 241人，有梁、李、陈等120多姓。"百姓杂居"实属罕见，因此，松口镇被喻为"姓氏博物馆"，吸引了众多的游客前来猎奇游览。

中国历史文化名街——松口古街区（朱日晖摄）

循梅江水路出南洋的必经之道，曾是客家先民越洋出海的"始发地"，人们沿梅江而下，经韩江至潮州、汕头，再折返香港，远赴南洋谋生。鼎盛时期，每天多达300多条船在此停泊于火船码头，6 000多名旅客在这里登船下南洋。客家山歌所唱道的"两手空拳打天下，一条皮带走南洋"，形象地描述了当时客家人孤身出海谋生的漂泊心境。

　　如今我站在火船码头遗址上，看梅江水波涛拍岸，追寻斑驳岁月留下的痕迹，又回到"寻味广东"的思路上：当年客家人经此出海时会吃些什么呢？陈善宝嘱我与饶延志联系，说不找他还真不能解我此惑。依约我又寻到叫作松口新城炖鸡店的地方，饶延志早让人准备好几样菜了："当年下南洋，他们吃这个！"

　　第一样端上来的，貌似炒米粉，炒得较干的粉体上，沾满淡褐色的茸状物和粥样物。未吃前，能闻到扑鼻而

松江旅社，饱阅沧桑，于今犹在。当年华侨出洋谋生或归国返乡，多在这里投宿。

松江旅社（刘刚摄）

来的酒香。我正左看右看不忍下箸，好客的主人已在催我快吃了，并且说要大口大口地吃。果然，好香！如果不实话实说它是怎么做的，我相信研究半天也破解不了。答案是，米粉浸软后晾干水分，宰好的鲮鱼连骨一起剁成蓉，用姜蓉和酒糟起镬爆炒而成。

"它叫鱼散粉，炒好后可以放好几天，"饶延志说，"它在下南洋时的作用，类似于今天的方便面，方便食用的同时更兼味道好和营养好。"鱼骨都剁碎了吃，除了体现客家人一贯以来勤俭持家的作风，更能提供钙营养从而增强体能。至于酒糟，提升香味的同时又是上佳的"天然防腐剂"，可延长食物的保鲜保质期。我真佩服得五体投地了！

接下来要吃的第二样，名叫炸酥烧，其实就是用油炸至金黄色的五花肉，外表酥脆而内多肉汁。此刻个人第一印象，应属于一等一的下酒好菜。不过，客家先辈当年下南洋，带着它就像带着未装罐的猪肉罐头，需要的是食用方便、易于保存和提供营养这三大功能，缺一不可。

炸酥烧经腌制和油炸至干身，存放一周甚至更长时间，一点问题也没有。怎么做出好吃的炸酥烧，则还是有些讲究。饶延志提示道，关键是要用鱼露把猪肉腌透。鱼露是来自是潮汕地区所流行的调味酱汁，松口得水路交通之便利，源源输送山货出去运到潮汕，再把鱼露等海边产品运回来，于是就不愁做不出好吃的炸酥烧了。真可谓：客潮山水一相逢，便得人间好味道。

油炸的肉食制品既好吃又能保存，历史上经松口下南洋的人们，还会携带炸肉丸和炸鱼果这两样食品。炸肉丸，

"四炆四炒"是客家八道宴客菜。所谓"炆"，是指大锅烹煮、持久保温。典型的"四炆"指酸菜（或咸菜）炆猪肚、炆爛肉、排骨炆菜头、肥汤炆笋干四道菜；"四炒"指客家炒肉、猪肠炒姜丝、鸭血（亦有用猪肚）炒韭菜、猪肺凤梨炒木耳（俗称咸酸甜）四道菜。

炸酥烧（刘刚摄）

就是剁碎了的猪肉，拌了木薯粉，调味后做成肉丸下油
镬炸。配料比例上，木薯粉用量一般比猪肉多，这主要
是为了确保充饥的作用。炸鱼果，则是鲮鱼连骨剁碎了
调味后加木薯粉来炸，同样要保证既能填肚子又吃来可
口。

　　现在可以想象，当年离乡别井的客家人，一路吃着
从家乡捎上的炸酥烧、炸肉丸等物，油然而生的那份踏
实感觉。下南洋也需要"美食驱动力"，前路从此不再
迷惘，只因缘系家乡的一份深深牵挂。

　　松口古镇的特色美食，就是这样烙着华侨文化的烙
印，并为海外返乡的寻根者所久久回味。若在返乡时，
沿老街店铺走走，往火船码头转转，炒一碟鱼散粉吃吃，
再听上一段委婉缠绵的山歌声，思乡的根也就真的找到
了归属地——

　　　　想你一番又一番，
　　　　一日唔得一日满。
　　　　上昼唔得午时过，
　　　　下昼唔得日落山……

后记

我姓饶。这一点，在我刚睁开眼睛认识世界时，就知道。姓饶就姓饶吧，难道还暗藏玄机不成？

说对了，姓饶者，果然就有异于常人之处。汉字简化之前，"饶"写作"饒"，以"食"作姓氏偏旁来强调生性为食，除了饶姓又有哪个？曾看到一个传说，说我的祖宗其实就是尧帝子孙，后来觉得不应那么张扬，就根据为食本性加了个符号意义的偏旁。受其指引，包括暗示，我觉得我天生就是个广州人所说的"为食猫"，并且最爱引述那段话："生在苏州，着（穿）在杭州，食在广州，死在柳州。"能托生于为食大本营，我认为理应归功于随祖先而来的"食"傍姓氏。

随着年岁渐长，当我又炫耀自己是个天生为食的饶姓广州人时，却屡屡听到一句似乎是带肯定语气的询问："姓饶？按理，应是客家人吧？"父母是客家人，这个我自小就知。饶姓子孙大多源自客家一脉，这个也在我后来一次次与同姓者的交流中得到证实。对于客家血缘，除了一直以来填写各种表格时要在"籍贯"栏提醒一下，

松口街区清至民国临江店宇、码头港口、梅东桥，明代元魁塔等组成水城风貌。（朱日晖摄）

客家粗粮篮（茉莉摄）

基本上我还是根据出生地原则和语言习惯原则，认准自己所在的民系。

凡事需要一个机缘，那天突然接到一个电话："记得你是客家人并且极其喜欢美食？'客家美食'的书你有没有兴趣写？"居然有人"记得"我是客家人！本想解释几句，但"美食"二字让我怦然心动了。老实说，在此之前，我对客家菜的认知近乎一张白纸。与出版机构频繁沟通的过程中，我逐渐认识到自己很适合接这个活。不识美食真面目，只缘身在此山中，本人的优势或许就在于距离感。而血缘里天生就拥有的客家基因，又能敏感地认祖归宗，迅速接近事物本原。

寻味走进客家山区，意外收获值得多说两句。我的祖上，到了父辈那代不是读书进省城就是经商下南洋，乡下祖屋已经荒弃。这回机缘巧合寻到宗祠和祖屋旧地，顺便把族谱给背了回来。追溯先人的迁徙轨迹，我发现：距今 700 年前，先祖念二郎元贞公便离开福建上杭，迁至广东梅县铜琶村开基。时间再回溯，先祖的先祖廿四世元亮公来自江西；更往上溯，大始祖伯芬公生在山西。记载还表明，饶姓开族之始祖为裕公，公元前 238 年，裕公为山西临汾平阳安都长，曰尧裕，后避秦乱，隐于尧山，谥食为饶。却原来，2 000 多年前，隐于尧山的先祖裕公已经"靠山吃山"了！

必须看到，宗族制度和乡土情谊，是汉民族传统文化的一个很有代表性的特征。当客家先民被迫远离祖先的根据地，并不敢忘记渐行渐远却又与血脉息息相关的神奇之地。族谱的详细记述因此显得十分重要，无论走到哪里，历代子孙都在接力编写。延绵不断的姓氏族谱，无疑是一部记录客家民系的氏族源流、宗亲缘由、人文传承的"家族神话"，其子子孙孙皆能从中找到安身立命的根本。饮食亦一样，来自中原的先人爱包饺子，落籍粤地的客家后人就变通地吃起了酿豆腐。凡事不可忘本，要懂得感恩，这才是做人正道。

客家美食寻源，同样要依这个理。本书成书之际，我最应该感谢的，是不辞劳苦驾车陪着我奔跑了梅州、河源不少山路的妻子梁佩红。没错，但凡能做成一些事的男人，背后都有一个默默付出许多的贤惠妻子，这是三生修来的福分。以从广州驱车梅州的第一天为例，妻子便驾车在高速公路和山路不断奔波了10个小时之多，想想这会有多累啊！这可是她之前从来没有过的驾车记录。我一直不知应该如何落实谢意，却被她一语打住："写好你的书啦，讲咁多做咩？"

我还要衷心感谢在写作过程中热诚提供了帮助的朋友们（排名不分先后，以出现时间先后为序）：钟洁玲、刘刚、陈善宝、客天下景区、雷建文、曾钧、饶延志、梁嘉义、章广阔、鸿志中基、黄志中、邹伟涛、刘东斌、吴良生、曾宪新、曾雪光、茉莉、武旭峰、劳毅波、谢顺彬、赵庆如、段及华、黄志杰、何方等。同时我还要感谢网络上相遇的一众网友，微博上持续而热烈的帖子互动，随时替我释疑解惑，随时供我鲜活素材。

借客家美食之魅，探客家文化之秘，这本书稿只是迈出了粗浅的一小步。抛砖完全为了引玉，唯求方家随时不吝指正。

美食寻源（刘刚摄）

参考文献

［1］胡希张，莫日芬，董励，等.1997.客家风华［M］.广州：广东人民出版社.

［2］叶春生，施爱东.2010.广东民俗大典［M］.广州：广东高等教育出版社.

［3］司徒尚纪.1993.广东文化地理［M］.广州：广东人民出版社.

［4］房学嘉.2006.客家民俗［M］.广州：华南理工大学出版.

［5］温昌衍.2006.客家方言［M］.广州：华南理工大学出版.

［6］曾远波.2011.客家菜［M］.成都：成都时代出版社.

［7］武旭峰.2010.走读梅县［M］.广州：广东旅游出版社.

［8］曾敏儿.2009.行走大埔［M］.广州：花城出版社.

［9］杨飞，殷玥.2012.慢游客都梅州［M］.广州：广东人民出版社.

［10］黎章春.2008.客家饮食文化研究［M］.哈尔滨：黑龙江人民出版社.

［11］江金波.2004.客地风物——粤东北客家文化生态系统研究［M］.广州：
华南理工大学出版社.

［12］闫恩虎.2009.广东"客商"［M］.广州：广东人民出版社.

［13］龚伯洪.2013.百年老店［M］.广州：广东科技出版社.

［14］石光华.2004.我的川菜生活［M］.西安：陕西师范大学出版社.

［15］郭伯南.1991.华夏风物探源［M］.上海：生活.读书.新知三联书店.

［16］马文·哈里斯.2007.好吃：食物与文化之谜［M］.叶舒宪，户晓辉，
译.济南：山东画报出版社.

［17］罗舜芬.2009.客家饮食文化的传承与演变［J］.江西食品工业（3）：20-23.

［18］流沙.2013.美食凝聚力［J］.意林（5）：14.

［19］朱伟，魏一平.2012.寻找中国之始［J］.三联生活周刊（40）.

［20］张凤平.2012.客家饮食文化漫谈［J］.神州民俗（18）：17-19.

［21］菲立普·费南德兹·阿梅斯托.2012.食物的历史［M］.台北：左岸文化
出版社.